Python

物理建模初学者指南

（第2版）

［美］ 杰西·M. 金德 (Jesse M. Kinder)　　　著　吴进操　译
菲利普·纳尔逊 (Philip Nelson)

A STUDENT'S GUIDE TO PYTHON
FOR PHYSICAL MODELING
SECOND EDITION

U0202818

人民邮电出版社

北京

图书在版编目（CIP）数据

Python物理建模初学者指南 ：第2版 /（美）杰西·
M.金德（Jesse M. Kinder），（美）菲利普·纳尔逊
(Philip Nelson) 著；吴进操译. -- 北京 ：人民邮电
出版社，2025.4
　　ISBN 978-7-115-62809-1

Ⅰ. ①P… Ⅱ. ①杰… ②菲… ③吴… Ⅲ. ①物理学
－建模系统－程序设计 Ⅳ. ①O4-39

中国国家版本馆CIP数据核字(2023)第188247号

版 权 声 明

◆ 著　　　〔美〕杰西·M.金德（Jesse M. Kinder）
　　　　　　菲利普·纳尔逊（Philip Nelson）
　　译　　　吴进操
　　责任编辑　郭泳泽
　　责任印制　王　郁　焦志炜
◆ 人民邮电出版社出版发行　北京市丰台区成寿寺路 11 号
　　邮编　100164　电子邮件　315@ptpress.com.cn
　　网址　https://www.ptpress.com.cn
　　涿州市京南印刷厂印刷
◆ 开本：720×960　1/16
　　印张：17.5　　　　　　　　2025 年 4 月第 1 版
　　字数：281 千字　　　　　　2025 年 4 月河北第 1 次印刷
　　著作权合同登记号　图字：01-2022-3691 号

定价：89.80 元
读者服务热线：(010)81055410　印装质量热线：(010)81055316
反盗版热线：(010)81055315

内容提要

本书介绍了如何使用Python语言进行物理建模，包括完成二维和三维图形绘制、动态可视化、蒙特卡罗模拟、常微分方程求解、图像处理等常见任务。本书在第1版的基础上增加了关于用SymPy进行符号计算的新内容，介绍了用于数据科学和机器学习的pandas和sklearn库、关于Python类和面向对象编程的入门知识、命令行工具，以及如何使用Git进行版本控制。

本书适合对科学计算感兴趣、想要使用Python完成物理建模的学生和研究人员阅读。

献给奥利弗·亚瑟·纳尔逊（Oliver Arthur Nelson）。

——菲利普·纳尔逊

前言

为什么要自学Python，为什么以这种方式自学

学习计算机编程会让你视野大开。刚开始接触编程时，你可能会感到困难重重，偶尔也能发现一些精妙绝伦的技巧，但掌握了基本的编程思维后，你就会发现计算机几乎可以做任何事情：可以模拟那些考虑了摩擦力和空气阻力的运动问题，可以构建捕食者和被捕食者模型来探索种群动态，可以生成分形图案，可以在股票市场中寻找隐藏的规律……这个清单不胜枚举。

为了与计算机交流，你必须掌握一种计算机能理解的语言。Python是一个理想的选择，因为它入门简单，而且与其他计算机语言相比，结构非常自然。你会发现，你更多地在思考如何解决问题，而不是如何让计算机明白你的思路。

无论你学习Python的目的是什么，你都可能想知道是否真的需要阅读本书的全部内容。请相信我们。我们是专业的科学家，已经根据多年经验为你制定了能够快速地开始自己的探索和学习的方案。按照我们建议的顺序，花几个小时尝试我们推荐的所有内容，从长远来看，会让你在未来省时省力。我们已经帮你筛选了不必要的内容。剩下的是必备的知识和技能，它们在未来将对你大有裨益。

如何使用本书

下面是如何利用本书自学 Python 的一些建议。

➢ 本书配套提供书中出现的许多代码示例。请充分利用这些资源。

➢ 阅读完前几页之后，你需要在工作的计算机上运行 Python（别担心，我们会指导你如何设置）。在这台计算机上，你可以打开本书的配套资源中名为 code_samples 的库。

➢ 你可以在计算机旁放一本本书的纸质版，或者在平板计算机或其他设备上阅读电子版。你也可以在运行 Python 的计算机上打开本书的电子版。

➢ 本书有很多需要你大胆尝试的内容，包括正文中给出的代码片段。你可以从 code_samples 库中复制代码，并粘贴到 Python 会话中，观察结果，并尝试修改和运行。

➢ 部分章节和脚注标有代表"第二学习路径"的符号：T_2。这些内容较为高阶，在第一次阅读时可以直接跳过。

现在让我们开始吧！

资源与支持

资源获取

本书提供如下资源：

➤ 配套代码示例；

➤ 本书思维导图；

➤ 异步社区 7 天 VIP 会员。

要获得以上资源，扫描下方二维码，根据指引领取。

提交错误信息

作者、译者和编辑尽最大努力来确保书中内容的准确性，但难免会存在疏漏。欢迎您将发现的问题反馈给我们，帮助我们提升图书的质量。

当您发现错误时，请登录异步社区（www.epubit.com），按书名搜索，进入本书页面，单击"发表勘误"，输入错误信息，单击"提交勘误"按钮即可（见下页图）。本书的作者、译者和编辑会对您提交的错误信息进行审核，确认并接受后，您将获赠异步社区的100积分。积分可用于在异步社区兑换优惠券、样书或奖品。

与我们联系

我们的联系邮箱是 contact@epubit.com.cn。

如果您对本书有任何疑问或建议，请您发邮件给我们，并请在邮件标题中注明本书书名，以便我们更高效地做出反馈。

如果您有兴趣出版图书、录制教学视频，或者参与图书翻译、技术审校等工作，可以发邮件给我们。

如果您所在的学校、培训机构或企业，想批量购买本书或异步社区出版的其他图书，也可以发邮件给我们。

如果您在网上发现有针对异步社区出品图书的各种形式的盗版行为，包括对图书全部或部分内容的非授权传播，请您将怀疑有侵权行为的链接通过邮件发送给我们。您的这一举动是对作者权益的保护，也是我们持续为您提供有价值的内容的动力之源。

关于异步社区和异步图书

"异步社区" 是由人民邮电出版社创办的IT专业图书社区，于2015年8月上线运营，致力于优质内容的出版和分享，为读者提供高品质的学习内容，为作译者提供专业的出版服务，实现作译者与读者在线交流互动，以及传统出版与数字出版的融合发展。

"异步图书" 是异步社区策划出版的精品IT图书的品牌，依托于人民邮电出版社在计算机图书领域40余年的发展与积淀。异步图书面向IT行业以及各行业使用IT技术的用户。

目录

第1章
Python 入门

提花织机织出花叶图案，而分析引擎织出代数图案。

——阿达·洛芙莱斯

1.1　算法与算法思维

本书的目标是帮助你使用 Python 这门计算机语言来学习计算科学的基础知识。Python 是一款开源软件，可以免费下载、安装和使用。关于 Python 的介绍有很多优秀的资料，而且数量还在不断增加。本书不仅教你如何使用 Python，还重点讲解如何用它来解决物理建模中遇到的问题。这也是本书的独特之处。

物理系统建模可能是一项错综复杂的任务。如何借助计算机内部强大的处理器来助一臂之力？让我们一起来探索吧。

1.1.1　算法思维

假设你遇到了这样一个情况：你需要向一个从未开过车的朋友描述怎样

把车从私家车道上倒出来。

你需要将上述任务分解成若干简单明了的步骤，便于你的朋友理解。例如，你可以向你的朋友提供以下一组指令：

1　插入钥匙。
2　转动钥匙，直到汽车发动，然后松手。
3　按下换挡杆上的按钮，并将其移至"倒挡"。
4　……

遗憾的是，对于许多汽车来说，即使你的朋友理解每个指令，这个"代码"也无法工作，因为它有一个**程序错误**。在第 3 步之前，许多汽车要求驾驶员：

踩下左踏板。

另外，挡位的标记可能是"R"而不是"倒挡"。在编写这样的指令时，很难在一开始就达到较高的精度要求。

因为你的指令不是跟随操作进度而实时给出的，所以还需要考虑一些可能发生的意外情况：

如果听到嘎吱声，踩下左踏板……

将较长的操作步骤分解为小的且明确的子步骤并预先考虑意外情况是算法思维的开始。

如果你的朋友有很多看别人开车的经验，那么上面的指令可能就足够他理解操作步骤了。但如果面对的是机器人，则需要更多的细节。例如，前两个步骤可能需要扩展为以下内容：

抓住钥匙的宽端。
将钥匙的尖端插入方向盘柱右下侧的槽中。
沿顺时针方向（当从宽端向尖端看时）围绕其长轴旋转钥匙。
……

这两组指令说明了跟计算机沟通时低级语言和高级语言的差异。低级计算机程序类似于第二组明确指令，用机器能够理解的语言编写[①]。高级系统可以理解许多常见任务，因此可以以较为简洁的方式编程，类似于上面的第一组指令。Python 是一种高级语言，它提供了许多常用的命令，例如数学计算、文本处理和文件处理。另外，Python 还可以调用许多标准库，这些标准库包

_____

① 机器代码和汇编语言是低级编程语言。

含一系列程序，可以执行数据可视化和图像处理等高级功能。

Python 还附带了一个命令行解释器——在此程序中，输入 Python 命令后即可执行这些命令。因此，在 Python 中，既可以将指令保存在文件中以便未来运行，又可以输入命令立即执行。相比之下，科学计算中使用的许多其他编程语言，如 C++ 或 Fortran，则会要求在执行程序之前先编译程序。一个叫作编译器的独立程序会将你的代码翻译成低级语言。然后，运行生成的编译程序来执行（实现）算法。而使用 Python，快速编写、运行和调试程序都相对容易（不过，这仍然需要耐心和练习）。

命令行解释器结合标准库和你自己编写的程序，构成了一个既方便又强大的科学计算平台。

1.1.2　状态

在很久以前的几何课上，你可能学过多步数学证明，即使用给定信息和形式系统，通过一系列步骤，最终验证命题。因此，一个命题的真假，虽然孤立地看并非显而易见，但是根据之前的一系列命题，应该是直截了当的。读者的"状态"（当前真命题列表）在通读证明的过程中会不断变化。最后，状态列表会加上预期的结果。

算法具有不同的目标。算法是一系列指令，每个指令描述一个简单的操作，最终完成一项复杂的任务。这些指令可能涉及大量重复，因此你不会希望监督每个步骤的执行。相反，你可以提前指定所有步骤，然后让电子助手快速执行这些步骤，自己则退居一旁。当然，也可能存在无法预知的意外情况（例如前面提到的"听到嘎吱声"）。

在算法中，计算机的状态不断被修改。计算机有许多存储单元，其内容可能在操作过程中发生变化。你的目标可能是在算法运行完成后，安排其中一个或多个存储单元保存某些复杂计算的结果。你可能还希望显示特定的图形图像。

1.1.3　a=a+1 **的意思**

要让计算机执行算法，必须先用编程语言表达出来。在开始阶段，计算机编程中使用的命令可能会令人困惑，尤其是当这些命令与标准的数学用法相矛盾时。例如，许多编程语言（包括 Python）都接受以下语句：

```
1  a = 100
2  a = a + 1
```

在数学上，这毫无道理。第 2 行是一个永远错误的断言。等价地说，它是一个没有解的方程。然而，对于 Python，"="不是相等性判断，而是要执行的指令。这些语句大致有以下含义[①]：

（1）将整数对象（值为 100）赋给名称 a（即**变量**）。

（2）取出对象 a 的值。计算该值与 1 的和。将结果赋值给名称 a，并丢弃以前存储在名称 a 下的内容。

换句话说，上述等号的作用是指示 Python 更改其状态。而在数学符号中，等号的作用是判断命题真假，命题可能为真，也可能为假。另外，还要注意，Python 对命令 x=y 的左右两侧有不同的处理，而在数学中，等号是对称的。例如，如果你输入 b+1=a，Python 将给出一条错误消息。赋值语句的左侧必须是一个名称，否则右侧求值的结果无法赋值给左侧。

我们经常需要检查变量是否等于某个特定值。为了避免赋值和等号二者之间的歧义，Python 使用双等号表示相等关系：

```
1  a = 1
2  a == 0
3  b = (a == 1)
```

这段代码再次创建变量 a，并将一个数值赋给它。然后将该数值与 0 比较。最后，创建第二个变量 b，并在执行另一次比较后为其赋予一个逻辑值（`True` 或 `False`）。该值可以在或然代码中使用，我们将在后面看到。

> 当需要 ==（相等性判断）时，不要使用 =（赋值操作）。

对于编程的初学者来说，这是一个常见的错误。如果发生此错误，你可能会得到不可思议的结果，因为 = 和 == 都是合法的 Python 语法。然而，具体到任何特定的情况，只有一个结果是你想要的。

1.1.4　符号与数字

在数学中，即使读者还不知道 a 的值，也可以"设 $b=a^2-a$"，然后开始推导。在该语句中，不管 a 的值是什么，都可以用 a 来定义 b。

但如果你启动 Python 并立即输入等价的语句 b=a**2-a，结果将是一条

---

① 　附录 F 给出了 Python 内部关于赋值语句处理的精确信息。

错误消息[①]。每次按下 <Return>，Python 都会尝试计算每个赋值语句的值。如果变量 a 还没有被赋值，则计算失败，Python 会报错。虽然其他计算机数学包可以接受这样的输入，跟踪符号关系，并在以后对其进行计算，但原生 Python 是不能的[②]。

"设 $b=a^2-a$"这样的定义将在整个讨论过程中保持不变，这是理所当然的。如果我们说，"在 $a=1$ 的情况下……"，那么读者知道 b 等于零；如果我们稍后说，"在 $a=2$ 的情况下……"，那么我们就不必重申 b 的定义，读者也会知道这个符号现在代表值 $2^2-2=2$。

相反，像 Python 这样的数值系统在执行赋值 b=a**2-a 之后会忘记 b 和 a 之间的任何关系。它只记得现在赋给 b 的值。如果后面改变 a 的值，b 的值不会发生改变[③]。

在数学证明过程中改变符号关系通常是不可取的。然而，在 Python 中，如果开始宣称 b=a**2-a，那么没有什么能阻止后面把它改成 b=2**a。第二个赋值语句丢弃了第一个赋值语句中计算的值，并用新计算的值替换它，从而更新了 Python 的状态。

1.2　启动 Python

不要只是阅读输入某个命令时会发生什么，而是要亲自尝试这些命令。附录 A 描述了如何安装和启动 Python。从现在开始，你应该让 Python 处于运行状态，在阅读的同时，尝试每一段代码并观察 Python 的响应。例如，本书不会向你展示太多的图形或输出。你必须在阅读示例时自己生成这些图形或输出。

> 阅读本书并不能让你学会 Python。你需要学习这里的
> 所有示例和练习，然后将所学知识用于解决自己的问题，
> 才能学会 Python。

请给自己设定一些小挑战（如果……会发生什么？我怎样才能完成……？），然后不断测试。Python 不是昂贵的实验室设备，不会因为输入

---

① 符号 ** 表示幂运算。见 1.4.2 节。
② SymPy 库使 Python 中的符号计算成为可能。见 10.3.2 节。
③ 在数学中，语句 $b=a^2-a$ 本质上将 b 定义为 a 的函数。Python 当然可以实现这一点，方法是定义一个返回值为 a^2-a 的函数并将该函数赋给名称 b（见 6.1 节），但 "=" 的作用并非如此。

错误的内容而损坏或爆炸！请大胆尝试。这种策略不但比被动积累事实更有趣，而且效果也要好得多。

在你开始输入代码之前，我们需要先解释一下本书中使用的一些约定。其中最重要的约定如下：

Python 代码完全由纯文本组成。

本书代码示例中的所有字体、字型等都是为了便于阅读而添加的。在输入代码时，你不需要担心这些事情。类似地，代码示例左侧显示的行号可以方便我们快速找到特定的行。不要输入行号。当你在编辑器中工作时，Spyder 将分配并显示行号，Python 将使用行号来告诉你哪里出现了错误。行号不是代码的一部分。另外，还要注意，大多数空格是可有可无的，但用于缩进的空格是不可或缺的。我们使用额外的空格来提高可读性，但这些并不是必需的。

本书在显示代码时使用以下字体方案：

➢ *注释以斜体显示*：# 这是一条注释。
➢ 函数参数中的键值以斜体显示：np.loadtxt('data.csv', *delimiter*=',')。键值不能随意指定，键必须正确拼写。
➢ 可以用鼠标单击的按钮以小型大写字母显示在矩形中：RUN▶。Spyder 中有些按钮是图标，不是文本，但将鼠标指针悬停在按钮上时将显示本书中所示的文本。
➢ 按键显示在尖括号内：<Return> 或 <Ctrl-C>。
➢ 其他大多数文本不以特殊格式显示。

我们的按键符号可能与你的键盘不完全相同，因此我们对相关的约定进行了汇总，如表 1.1 所示。尖括号中出现的所有键应同时按下。例如，<Ctrl-C> 表示按住键盘上的"control"键，并同时按住"C"键。我们的约定遵循 macOS 键盘布局。如果你使用的是 Windows 或 Linux，请用 <Ctrl>替代 <Cmd>。另外，我们将"return 或 enter"简写为 <Return>。

表1.1　按键符号

按键	使用示例	示例对应的功能
enter 或 return	<Return>	结束行或运行命令
control	<Ctrl-C>	中断当前 Python 命令
command	<Cmd-V>	从剪贴板粘贴
option 或 alt	<Alt-Shift-R>	重新启动 Spyder

你已经知道了要输入什么（纯文本）以及如何输入，现在万事俱备，只差 Python！完整的 Python 编程环境有许多组件。表 1.2 简要说明了我们将要用到的组件。请注意，在本指南中，"Python"一词的使用比较自由。Python 除了指语言本身，还可以指 Python 解释器（一种计算机应用程序，可以接受命令并执行程序中描述的步骤）。另外，Python 还可以同时指 Python 语言和公共库。

表1.2　本书中 Python 环境的组成

名称	描述
Python	一种计算机编程语言。一种向计算机描述算法的方法
IPython	一种 Python 解释器：一种计算机应用程序，为执行 Python 命令和程序提供了方便的交互模式
Spyder	一种集成开发环境：一种计算机应用程序，包括 IPython、一个检查变量的工具和一个用于编写与调试程序的文本编辑器等
Jupyter	一种用于 Python 的笔记本式界面
NumPy	一个标准库，提供数值数组和数学函数
PyPlot	一个标准库，提供可视化工具
SciPy	一个标准库，提供科学计算工具
Anaconda	一种发行版：可一次下载上述所有组件，并提供许多其他特殊用途的库的访问。它还包括一个包管理器，帮助你更新所有组件

本书中的大部分代码可以在任何 Python 发行版中运行。然而，因为无法为每个可用的 Python 版本和每个集成开发环境（Integrated Development Environment, IDE）提供说明，所以我们选择了以下特定设置。

➢ Python 3 的 Anaconda 发行版，可在其官方网站获得。许多科学家仍然使用早期版本的 Python（如 2.7 版）。附录 E 讨论了如何将本书中的代码进行微小更改，以适应早期版本。

➢ Spyder IDE 是 Anaconda 附带的，也可以在其官方网站获得。任何编程任务都可以使用不同的 IDE 来完成，或者根本不使用 IDE 来完成。其他 IDE 也是可用的，例如 IDLE，它附带了 Python 的各个发行版。另外，还可以选择基于浏览器的 Jupyter Notebook 和 JupyterLab。

发行版的选择取决于个人偏好。我们选择 Anaconda 是因为它安装、更新和维护都很简单，而且免费。你可能会发现，其他的发行版更适合你的需求。例如，你可以从 Python 网站安装 Python 并使用 pip 管理包，但本书假设你使用的是 Anaconda 和 conda 包管理器。

1.2.1 IPython 控制台

为了让我们的讨论集中在 Python，而不是各种平台的细节上，我们假设你在阅读本指南时使用的是 Spyder。但这不是必需的！如果你希望从更简单的界面开始，可以在 Anaconda Navigator 中打开 Qt 控制台应用程序，并开始输入命令。如果你喜欢笔记本界面，可以使用 Jupyter Notebook（参见附录C）。如果你喜欢在命令行中工作，可以从终端启动 IPython（见附录 B）。不过，在某些情况下，你需要一个 IPython 解释器和一个文本编辑器。Spyder 包含了这两个功能，以及其他一些有用的功能，其界面也是 MATLAB 用户所熟悉的。使用 Python 有许多种方法，你可以在学习本书时使用其中任何一种方法。如果你是 Python 新手，Spyder 是一个不错的选择。

现在打开 Spyder。启动后，Spyder 会打开一个窗口，其中包含多个窗格，见图 1.1。左边是编辑器窗格，用于编辑程序文件（脚本）。右边有两个窗格。

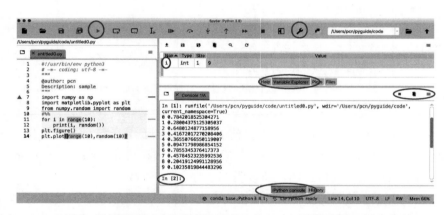

图 1.1　Spyder 界面。添加圆圈是为了强调（从上到下、从左到右）[RUN▶]按钮、首选项（扳手图标）、变量管理器中的变量、将变量管理器置于其窗格前部的选项卡、[STOP■]、[RESET↻]和[OPTIONS≡]按钮、IPython 命令提示符和 IPython 控制台选项卡

右上角窗格可能包含帮助、变量管理器、绘图和文件管理器选项卡。如果有必要，单击变量管理器的选项卡，可将其置于最前面。右下角窗格应包括 IPython 控制台的选项卡；如果需要，可以单击它 [①]。这里提供了命令行解释器，你可以在输入 Python 命令时以交互方式执行命令。

如果你的窗口布局变得杂乱无章，不要担心。窗口布局很容易调整。

----

① 如果没有出现 IPython 控制台选项卡，可以从界面顶部的菜单中打开："Consoles" > "New console"。

Spyder 的标准格式是一个窗口，分为刚才描述的 3 个窗格。每个窗格可以有多个选项卡。如果有不需要的窗口，可以单击 CLOSE ⊗ 按钮分别关闭它们。你还可以使用菜单 "View" > "Panes" 选择要显示的窗格，并停用不需要的窗格。点击 "View" > "Window layouts" > "Spyder Default Layout"，将恢复标准布局。

单击 IPython 控制台内部。现在，你输入的内容将显示在命令提示符后。默认情况下，命令提示符类似于：

```
In[1]:
```

尝试输入简单的命令，如 "2+2"，并在每行后按 \<Return\>。Python 在每次 \<Return\> 后立即响应，以尝试执行你输入的任何命令[①]。

单击变量管理器选项卡。每次输入命令并按 \<Return\> 后，此窗格的内容将反映 Python 状态的任何变化：最初为空，然后显示变量列表及其值的摘要[②]。当变量包含多个值（例如数组）时，双击列表中的该变量，可以打开包含该数组所有值的电子表格。你可以在此电子表格中复制数据并粘贴到其他应用程序中。

在任何时候，你都可以通过退出并重新启动 Python，或者通过执行以下命令来重置 Python 的状态：

```
%reset
```

由于此操作将删除会话中创建的几乎所有内容，是不可逆的，因此它需要你确认[③]。按 \<Y\>，然后按 \<Return\> 继续。（以 % 符号开头的命令是**魔法命令**，即 IPython 解释器中特有的命令。魔法命令可能不适用于原生 Python 解释器和你编写的脚本。要了解更多信息，请在 IPython 命令提示符下输入 %magic。）

示例：使用 %reset 命令，然后在提示符下尝试以下命令。如下所示准确输入每一行，然后按 \<Return\>，解释你所看到的结果：

```
q
q == 2
q = 2
q
```

[①] 本书使用 "命令" 一词来表示可由解释器执行的任何 Python 语句。像 a=1 这样的赋值，像 plt.plot(x,y) 这样的函数调用，以及像 %reset 这样的特殊指令都是命令。
[②] 某些变量不会显示。你可以通过变量管理器窗格右上角的 OPTIONS ☰ 菜单来控制哪些变量被排除在外。
[③] 如果 IPython 似乎没有对 %reset 响应，请尝试手动向上滚动 IPython 控制台以查看确认询问。

```
q == 2
q == 3
```

解答：对于前两行，Python 会报错。最初，符号 q 没有与任何对象关联，它没有值，因此涉及 q 的表达式是无法计算的。第 3 行改变了 Python 的状态，进而会改变这种情况，因此最后 3 行不会产生错误。

示例：现在再次清除 Python 的状态。在提示符下尝试以下操作，并解释你所看到的结果（参考 1.1.4 小节可能会有用）：

```
a = 1
a
b = a**2 - a
b
a = 2
print(a)
print(b)
b = a**2 - a
a, b
print(a, b)
```

解答：前 4 行的结果应该很清楚——我们给变量 a 和 b 赋值。在第 5 行中，我们更改了 a 的值，但因为 Python 只记住 b 的值，而记不住它与 a 的关系，所以 b 的值是不变的，直到我们在第 8 行显式地更新 b 的值。

在命令提示符下输入代码时，你可能会遇到一种令人困惑的情况，Python 似乎没有响应，只显示"...:"，而不是执行命令。

> 如果命令包含不成对的 (、[或 {，则 Python 将继续读取更多行，搜索相应的)、] 或 }。

现在请寻找不匹配的括号。如果找到，请输入右括号并按 <Return>。如果不知道如何匹配括号，或者有其他问题，可以使用 <Shift-Return> 强制执行，或者按 <Esc> 中止命令[1]。

上面示例说明了一个要点：赋值语句不会显示赋值之后变量的值。要在 IPython 会话中查看赋值之后变量的值，可以使用 print() 命令或在单独的一行中输入变量名[2]。

---

[1] 按 <Esc> 会取消 Spyder 中的当前命令。在其他 IDE 或解释器中，可能需要使用 <Ctrl-C> 进行中断，使用 <Alt-Return> 进行强制执行。

[2] 在你编写的脚本中，Python 将计算表达式，但不会在屏幕上显示任何内容；如果想要输出结果，就必须给出一个显式的 print() 命令。脚本将在 3.3 节中讨论。

上面示例的最后两行展示了如何一次查看多个对象的值。请注意，两行的输出并不完全相同。

你可以通过开始新行来结束命令，也可以用分号（;）结束命令然后在同一行上添加另一个命令。

你还可以使用单个 = 命令进行多个赋值。这是使用分号的替代方法。以下两行都是将相同的值赋给各自的变量：

```
a = 1; b = 2; c = 3
x, y, z = 1, 2, 3
```

第二个命令的任何一侧都可以用括号括起来，结果不会受到影响。

前面的段落展示了用 Python 节省空间和简化输入的方法。有时候这很方便，但最好不要过多地使用这种能力。相反，你应该尝试使代码的含义尽可能清晰。为了便于阅读，值得在程序中花费一点额外的时间或者多输入几行代码。

在某些情况下，你可能希望使用一个很长的命令，但一行又容纳不下。在这种情况下，可以用反斜杠（\）结束一行。这时，Python 将继续读取下一行作为同一命令的一部分。尝试以下命令：

```
q = 1 + \
2
print(q)
```

一个命令甚至可以扩展到多行：

```
xv\
a\
l\
= 1 + \
2
```

这将创建变量 xval 并将其赋值为 3。

若要编写清晰的代码，可以使用少量的反斜杠和分号。

1.2.2 错误消息

到目前为止，你应该已经遇到了一些错误消息。当 Python 检测到错误时，它会告诉你在哪里遇到了错误，提供引起问题的语句周围的代码片段，并告诉你在它识别的许多类型中检测到了哪种类型的错误。例如，每当尝试计算未定义的变量时，Python 都会以 `NameError` 进行响应（回想 1.2.1 小节的示例）。附录 D 描述了 Python 的常见错误以及解释错误消息的一些提示。

著名的计算机科学家高德纳（Donald Knuth）曾写道："当你没有做好准备时，错误消息可能是可怕的；但当你有正确的态度时，错误消息就会很有趣。只要记住，你真的没有伤害计算机的感情，没有人会因为这些错误而责备你。"我们鼓励你采取这种态度。

 ➢ 不要害怕犯错误。计算机很难弄坏。
 ➢ 阅读错误消息。它们会告诉你犯了什么样的错误，而不仅仅是你犯了错误。
 ➢ 检查产生错误的代码。你可以在错误中吸取教训。

这种处理错误的方法将使你成为一名更好的程序员，并将帮助你今后"调试"更复杂的程序①。

1.2.3　帮助资源

关于 Python 的权威文档可在 Python 网站在线获得。然而，在许多情况下，你可以通过其他方式更快地找到所需的答案，例如询问朋友、搜索网页或访问 Stack Overflow 网站。

假设你想计算 2 的平方根。输入 `2**0.5` 并按 <Return>。这可以完成任务，但 Python 会显示小数点后 16 位数字，而你只需要 3 位。你认为 Python 中可能有一个名为 `round` 的圆整函数，但你不确定如何使用它或它是如何工作的。在命令提示符下输入 `help(round)`，可以直接获得 Python 的帮助。你会看到这确实是你正在寻找的函数：

```
round(2**0.5, 3)
```

上述语句给出了期望的结果。

在 Spyder 中，获取帮助还有其他方法。在命令提示符下输入 `round`，但不要按 <Return>，而是按下 <Cmd-I> 或 <Ctrl-I>（I 表示 information 一词）。原本使用 `help` 命令在 IPython 控制台中显示的信息，现在显示在了"帮助"选项卡中，并且格式更易于导航和阅读，特别是对于较长的信息。你也可以使用"帮助"选项卡，而不在命令提示符处输入任何内容：尝试在窗格顶部的"对象"字段中输入 `pow`。"帮助"选项卡提供了 `**`（求数的幂）的

---

① 见 3.3.3 小节。

替代方法的信息。

在 IPython 中，你还可以在任何 Python 对象（包括函数和变量名）的名称后面或前面加一个问号以获得帮助：round? 或 ?round 提供的信息与 help(round) 几乎相同，但输入起来更容易。

当你输入 help(...) 时，如果 Python 识别出括号中的名称，它将打印出表达式的有关信息。遗憾的是，如果你不知道所需命令的名称，Python 就不那么友好了。也许你认为应该有一种不使用幂求一个数的平方根的方法。毕竟，这是一个相当基本的操作。输入 help(sqrt)，看看当 Python 无法识别你请求的名称时会发生什么。

要了解当前可用的命令，可以使用 Python 的 dir() 命令。dir 是 directory 一词的缩写，它会返回当前会话期间（或上次使用 %reset 命令以来）创建或导入的所有模块、函数和变量名的列表。可以使用 Python 的 help(dir) 了解更多的帮助信息。dir() 的输出中貌似没有平方根方面的内容，但有一项是 __builtins__。这是 Python 第一次启动时识别的所有函数和其他对象的集合。这是 Python 寻找函数或变量的"撒手锏"[①]。若要查看内置函数的列表，请输入：

```
dir(__builtins__)
```

然而并没有显示 sqrt 或类似的函数。事实上，sin、cos 或 exp 等标准的数学函数都没有出现！

此时此刻，Python 也无法给你提供进一步的帮助。现在，你必须求助于外部资源。比较好的选择有 Python 书籍、搜索引擎、熟悉 Python 的朋友等。

> 在开始阶段，为了编码，你的大部分时间都将花在使用搜索引擎上。

我们要找的 sqrt 函数属于一个库。稍后，我们将讨论如何访问 Python 没有自动提供的实用函数库。

习题 1A

> 在继续学习之前，请尝试在网上搜索"如何在 Python 中求平方根"。

---

① 附录 F 解释了 Python 如何搜索变量和其他对象。

1.2.4 最佳实践：记录日志

在学习本书时，你会遇到许多小困难，以及若干大困难，例如如何计算修正贝塞尔函数的值，怎样才能在图形轴标签中添加下标……难题是无穷无尽的。每次你解决这样一个难题（或朋友帮助你解决），都要在笔记本或计算机的某个专用文件中记下你是如何解决问题的。几个月之后，翻阅日志会比逐行查看之前编写的全部代码要容易得多（也比一遍又一遍地询问朋友更容易）。

1.3 Python模块

我们发现，Python 没有内置的 `sqrt` 函数。可是，你的计算器却有！那么，Python 有什么用？不妨停下来想一想：你的计算器究竟是如何知道怎样求平方根的。在过去的某个时候，有人想出了一种计算数的平方根的算法，并将其存储在计算器的永久内存中。若要计算平方根，必须有人创建一个程序。

Python 是一种编程语言。Python 解释器可以理解一组基本的命令，基本命令组合起来可以执行复杂的任务。另外，Python 还有一个庞大的开发人员社区，他们创建了完整的实用函数库。然而，要访问这些函数库，你需要将它们**导入**你的工作环境。

> 使用 `import` 访问标准 Python 没有自带的函数。

1.3.1 import

在命令提示符下，输入：

```
import numpy
```

然后按 \<Return\>。现在，你可以访问许多实用函数。你已经导入了 NumPy 模块 —— 使用 Python 进行数值计算的工具集合。NumPy 代表 Numerical Python。但在代码中，不要将其名称大写。

输入 `dir(numpy)` 查看所获所得。你会发现近 600 个可供使用的新选项，其中之一就是最初寻找的 `sqrt` 函数。在 NumPy 中，可以使用命令 `numpy.lookfor('sqrt')` 搜索函数（返回的结果通常会多于你的需求，但前面几行往往非常有用）。现在你已经导入了 NumPy，请尝试：

```
sqrt(2)
```

怎么回事？刚才明明已经导入了平方根函数，但 Python 却告诉你 sqrt 没有定义！请改为以下语句，重新尝试：

```
numpy.sqrt(2)
```

你所需要的 sqrt 函数属于 numpy 模块。即使导入了模块，你仍然需要先告诉 Python 目标函数所在的模块，然后才能使用函数。

> 导入模块后，调用函数的方法是：依次写出模块名称、点号和目标函数的名称。

1.3.2 `from ... import`

导入函数还有另一种方法。例如，你可能希望访问 NumPy 中的所有函数，但又不想在函数前面输入"numpy."前缀。不妨尝试以下命令：

```
from numpy import *
sqrt(2)
```

这很方便，但如果你想同时使用两个不同的模块，这可能会导致麻烦。有一个名为 math 的模块，它也有一个 sqrt 函数。如果同时从 math 和 numpy 导入所有函数，那么在输入 sqrt(2) 时会调用哪个模块的函数？这在处理数字数组时很重要。为了保持直观，最好不要使用"from 模块名 import *"命令，而是导入模块，并根据需要显式调用 numpy.sqrt 或 math.sqrt。不过，这里还有一个折中的方案：你可以给模块取别名。尝试以下命令：

```
import numpy as np
np.sqrt(2)
```

如此一来，当不同的模块具有相同名称的函数时，我们既可以节省输入，又可以避免混淆。

在某些情况下，你可能只需要一个特定的函数，而不需要整个函数库。你可以通过函数名称导入特定的函数：

```
from numpy import sqrt, exp
```

```
sqrt(2)
exp(3)
```

我们只导入了 NumPy 模块中的两个函数，无须使用“numpy.”前缀即可访问这些函数。请注意，这里的导入命令和“`from numpy import *`”命令很相似。星号是一个“通配符”，它告诉导入命令需要获取所有内容。

稍微改变一下导入语句，你就可以为导入的函数提供自定义别名：

```
from numpy.random import random as rand
rand()
```

现在，我们有了一个随机数生成器，它有一个很方便输入的别名：rand。

该示例还展示了模块中还有模块的现象：numpy 模块包含 numpy.random 模块，而 numpy.random 模块又包含 numpy.random.random 函数。当我们输入 `import numpy` 时，我们导入了许多这样的子模块。当然，我们也可以只导入一个函数，方法是使用 `from`，并提供目标函数的准确名称、目标函数所在的模块，以及目标函数的别名。

1.3.3　NumPy 和 PyPlot

NumPy 和 PyPlot 是我们最常用的两个模块。NumPy 提供了生成和分析数据所需的数值工具，PyPlot 提供了可视化数据所需的工具。PyPlot 是大型 Matplotlib 库的子集。从现在起，假设你已经发出以下命令：

```
import numpy as np
import matplotlib.pyplot as plt
```

这也可以通过单个命令完成：

```
import numpy as np, matplotlib.pyplot as plt
```

你应该在每次会话开始时执行这些命令，还应该在编写的任何脚本的开头添加这些行。每次使用 `%reset` 命令后，你也需要重新导入这两个模块。

输入 `%reset` 命令，然后尝试导入这些模块。探索 NumPy 和 PyPlot 提供的函数。你可以使用 `help()` 或 1.2.3 小节中描述的任何方法获得相关函数的信息。你一定会发现，NumPy 帮助文件提供的信息量要远远大于内置 Python 函数帮助文件所提供的信息量。NumPy 帮助文件通常包括可以在命令提示符下尝试的示例。

现在我们有了这些工具集，下面来看看可以用它们做什么。

1.4 Python表达式

Python 语言有自己的**语法**。所谓语法是指一组用于构造表达式和语句的规则。在本节中，我们将研究一些简单的表达式，来领略一下如何与 Python 打交道。表达式的基本构成是字面量、变量名、运算符和函数。

1.4.1 数字

你可以通过多种方式输入显式数值（数值型**字面量**）：

➢ 123 和 1.23 表示普通数字。但是，当输入一个大数字时，不要用逗号分隔数字（如果要输入一百万，不要输入 1,000,000）。

➢ 2.3e5 是 $2.3×10^5$ 的简写。

➢ 2+3j 表示复数 $2+3\sqrt{-1}$（这里用名称 j 代表虚数单位 $\sqrt{-1}$，工程师对此比较熟悉；数学家和物理学家需要适应 Python 的约定）。

Python 内部会以不同的格式存储数字。但是 Python 一般只会在必要时转换数字类型。初学者通常不需要考虑这个问题。注意，在某些情况下，Python 会要求使用整数。例如，a=1.0 即使小数部分为零，Python 也不会将其解释为整数。如果需要强制某个值为整数（例如，在表示列表中元素的索引时），可以使用 int 或 round 函数。

1.4.2 算术运算和预定义函数

Python 包含基本的算术运算符，例如 +、-、*（乘）、/（除）和 **（幂运算）。

> Python 使用双星号 ** 表示求一个数的幂。

例如，a**2 表示"a 的平方"（符号 a^2 在其他一些数学软件中表示平方，但在 Python 中具有完全不同的含义）。

与标准数学符号不同，Python 中的乘法必须包含乘法符号。尝试输入以下命令：

```
(2)(3)
a = 2; a(3)
```

每个命令都会产生一条错误消息。但是,它们都不会生成这样的消息:"你忘了一个 `'*'`!"根据 Python 使用的求值规则,这些表达式没有意义。Python 不知道你试图表达什么,所以它无法确切地告诉你出了什么问题。不妨研究这些错误消息;你可能会再次遇到它们。附录 D 描述了这些错误消息和其他常见的错误。

算术运算的优先级(排序)与常识相符。

> 使用圆括号可以改变运算符的优先级。

与数学教科书不同,在 Python 中,只能使用圆括号改变优先级排序。方括号和花括号则用于其他目的。前面已经看到,圆括号还有另一种含义:将函数的参数括起来。此外,圆括号还有第三种含义:指定元组。Python 根据上下文来确定要使用哪种含义。

例如,如果要使用数字 $\dfrac{1}{2\pi}$,你可能会输入 `1/2*np.pi`(原生 Python 不知道 π 的值,但 NumPy 知道)。试试看。

问题出在哪里?为什么?插入括号可以修复表达式的问题。稍后我们会遇到其他类型的运算符,如比较和逻辑运算符,它们也有一定的优先级排序。你可能并不想记住所有运算符的优先级,不过,你可以自由地使用括号来准确地表达你的意图。

为了熟悉 Python 的算术运算,试回答下面两个语句解决了什么样的著名数学问题,并检查 Python 能否正确处理:

```
a, b, c = 1, -1, -2
(-b + np.sqrt(b**2 - 4*a*c))/(2*a)
```

前面曾介绍过,np.sqrt 是一个函数的名称,Python 在启动时是无法识别它的,但一旦导入 NumPy 模块后,它就变得可用了。当 Python 遇到第二行中的表达式时,它会执行以下操作。

(1)通过用数值替换变量并执行算术运算来计算 np.sqrt 函数的**参数**的值,参数是指函数名后圆括号内的所有内容(参数本身可能包含函数)。

(2)中断表达式的计算,并执行一段名为 np.sqrt 的代码,将步骤(1)中找到的结果传递给该代码。

（3）用 np.sqrt 返回的值替换表达式。

（4）按照正常程序完成表达式的求值。

如何知道哪些函数可用？参见 1.2.3 小节：在 IPython 控制台提示符下输入 dir(np) 和 dir(__builtins__)。

Python 和 NumPy 预先定义了若干符号。这些符号不需要任何参数或括号。试试 np.pi（常数 π）、np.e（自然对数的底数）和 1j（虚数单位 $\sqrt{-1}$）。另外，NumPy 还提供标准的三角函数，但在使用时要注意：

> 在 np.sin、np.cos 和 np.tan 等三角函数中，参数的角度都采用弧度。

1.4.3　最佳实践：变量名

注意，如果你在无意之中修改了某个符号的值，Python 并不能提供保护。例如，如果你发出了 np.pi=22/7 的命令，那么除非更改它或重置 Python，否则 np.pi 的值就是 22/7。你甚至可以用内置函数的名称创建变量，例如，round=3[①]。这再次说明，要使用"import numpy as np"命令，不要使用"from numpy import *"命令。你不太可能使用"np."前缀将自己的变量命名为 np.pi 或 np.e。无论你如何定义 pi 和 e，np.pi 和 np.e 都将保留它们的标准值。

当代码变长后，你可能会在无意中多次使用同一个变量名。例如，你可能在开始时为某个变量分配一个通用的名称，如 x，并在后面为了完全不同的目的而再次使用原来的名称。再后来，你可能需要原来的 x，忘记了新的 x。而此时，Python 已经将原来的值覆盖，令人费解的现象也会随之出现。这就是**名称冲突**。

变量最好使用有意义的名称。虽然输入所需的时间更长，但这有助于避免名称冲突，同时也使代码更易于阅读。也许你可以把第一个变量 x 改为 index，因为它表示列表索引。也许你可以把第二个变量 x 改为 total，因为它更符合逻辑。当你在后面调用 index 时，就不会出现名称冲突的问题了。

但是，请记住，这里的"有意义"是指"对人类读者有意义"。Python 本身并不关注变量名的含义，例如，将变量命名为 filename 并不会告诉

---

① 撤销此操作的方法是删除自己的 round 版本：输入 del(round)。Python 将恢复到其内置定义。

Python 如何使用该变量。

变量名区分大小写，大多数预定义名称都是小写的。因此，在自己定义的变量名或函数名中包含大写字母，可以避免一定的名称冲突。

变量名中不允许使用空格和句点。有些程序员在变量名中使用大写（"驼峰命名法"）来表示单词边界，例如 whichItem。有些程序员则使用下画线（"蛇形命名法"），如 which_item。变量名也可以包含数字（myCount2），但必须以字母开头[1]。

某些变量名是禁止使用的。Python 不允许你将变量命名为 if、for、lambda 等**保留字**。你可以在网上搜索"Python 保留字"找到它们。

1.4.4　再谈函数

你可能习惯于将一个函数（例如平方根函数）视为一台机器，以一个数字作为输入（其参数），并返回另一个数字（其结果）作为输出。部分 Python 函数确实具有这种特性，但是在 Python 中，函数的概念要广泛得多。下面仅做部分说明（有些函数我们目前还没有接触到）。

> 一个函数可以接受一个参数、多个用逗号分隔的参数，也可以不接受任何参数。

> 一个函数可以允许不同数量的参数，并且根据所提供参数数量的不同，其行为也会有所不同。例如，在后文的某些函数中，你可以使用键值参数来指定选项。每个函数的帮助文本通常会介绍参数的使用方式。

> 一个函数也可以返回多个值。返回值的数量甚至可以根据所提供的参数而变化。你可以使用一种特殊的赋值语句捕获返回值[2]。

> 一个函数除了返回结果，还可以通过其他方式更改计算机的状态。例如，plt.savefig 将绘图保存到计算机硬盘上的文件中。其他可能的副作用包括将文本写入 IPython 控制台：print('hello')。

如果使用不带圆括号的函数名，则是在引用该函数，而不是对其求值。在数学中，f 是一个函数；$f(2)$ 是参数为 2 时函数的值。在 IPython 命令行输入 np.sqrt，不带圆括号，查看 Python 是如何处理函数名的。

---

[1] 严格来说，名称也可以以下画线字符开头，但通常这样的名称是为 Python 内部使用保留的。
[2] 6.1.4 小节将详细讨论函数的返回值。更准确地说，Python 函数总是返回单个对象。但是，该对象可以是包含多个元素的元组。

计算函数时，即使没有参数，也要始终包含括号。

如果一个函数接受两个或多个参数，那么它如何区分不同的参数？在数学表示法中，参数的顺序已经传达了这一信息。例如，如果我们定义 $f(x,y)=xe^{-y}$，那么 $f(2,6)$ 表示 $2e^{-6}$：第一个给定值（2）用于替换定义中的第一个命名变量（x），以此类推。这种**位置参数**方案也是 Python 使用的标准方案。但是当一个函数接受许多参数时，严格依赖顺序可能会令人讨厌，而且容易出错。出于这个原因，Python 还有一种替代方法，称为**键值参数**。例如：

```
f(y=6, x=2)
```

此语句的作用是用值 6 初始化名为 y 的变量，用值 2 初始化另一个名为 x 的变量，然后指示 Python 执行名为 f 的函数。在给定键值参数时，无须遵循任何特定顺序（但是，键值参数必须跟在所有位置参数后面，并且必须使用正确的名称，你可以在函数的文档中找到正确的参数名称）。许多函数都允许你忽略为其部分或全部键值参数指定值；如果省略它们，函数将提供默认值。6.1.3 小节将进一步讨论键值参数。

现在，你已所知甚多，可以使用 Python 进行简单的计算了。试试本章中的例子，然后自己试验。在第 2 章中，我们将探讨如何使用 Python 编写简单的程序。

第**2**章
组织数据

海森堡缺陷：一种计算机错误，当人们试图研究它时，它会消失或改变其特征。

——黑客词典（4.4.7 版）

计算机之所以强大，主要原因在于它能以极快的速度完成重复性任务。为了让电子助手在没有监督的情况下完成所有步骤，你需要了解如何编写这类任务的指令。而这一过程的重头戏是组织数据。本章主要介绍科学计算中常用的 Python 数据结构。

2.1　对象及其方法

在 Python 中，一切皆**对象**。对象由数据和函数构成。在 Python 中，即使像整数这样简单的东西也是对象。你可能会认为 1 只是一个数字，但输入 dir(1) 后，你会看到所有相关的数据和函数。在处理赋值语句时，Python 会将一个名称（如 x 或 filename 等符号）附加或**绑定**到对象上[①]。稍后，你

---

① ↳附录 F 详细描述了 Python 是如何处理赋值语句的。

可以通过该名称引用对象，也可以将该名称重新分配给其他对象。以这种方式使用的名称也称为**变量**。

下面通过一些示例来了解这里面的工作原理。

当输入 i=5280 时，Python 首先计算赋值语句的右侧。它只找到一个数值型**字面量**，即一个不需要计算的表达式。因此，1+1 是一个表达式，不是字面量，而 5280 是一个字面量，因为它的值就是 5280。接着是赋值，Python 会创建一个 int 类型的对象来存储数字 5280（int 对象的值仅限于整数）。为了完成赋值，Python 需要将名称 i 绑定到这个新的对象。如果名称为 i 的变量不存在，则 Python 将创建一个。如果 i 已经存在，则 Python 会将这个新的整数对象再赋给 i。

当输入 f=2.5 或 f=2.5e30 时，Python 会创建一种不同类型的对象，称为 float，也就是**浮点数**。正如科学记数法一样，无论数字是大是小，小数点可以"浮动"，从而使有效数字的位数保持不变。

同样，输入 s='Hello' 后，Python 将创建一个 str 对象，其值为字符串型字面量 'Hello'（2.3 节将讨论字符串）。然后，Python 将名称 s 绑定到该对象。s 之前是否绑定到浮点数或其他对象并不重要。类型属于对象，而不属于变量。变量可以分配给任何对象。

输入 L=[1,2,3] 将创建一个 list 对象，其值是 3 个 int 对象的序列（2.2 节将讨论列表）。

对象不仅有值。对象通常由**数据**（通常是数字）和**方法**（一种特殊的函数）组成。对象的值是对象数据的一部分。对象的方法是一种特殊的函数，可以对对象的数据进行操作。另外，方法还可以接受参数。要调用方法，必须提供对象的名称，后跟句点、方法名称和一对括号。如果方法有额外的参数，参数需要放在括号内。使用上面介绍的浮点数对象 f、字符串对象 s 和列表对象 L 尝试以下操作。

（1）f.is_integer()：每个浮点数对象都有一个 is_integer 方法，其作用是确定值是否为整数。如果值的小数部分为零，则该方法返回 True。由于 f 的值是 2.5，因此该方法返回 False。函数 f.is_integer 不需要任何额外的参数，但是函数名称后面必须放置一对空括号。

（2）s.swapcase()：每个字符串对象都有一个 swapcase 方法，其作用是对原始字符串的每个字母进行大小写反转，并返回一个新的字符串。

（3）L.reverse()：每个列表对象都有一个 reverse 方法，该方法不返回值，但会修改 L 的值。使用 print (L) 进行输出，可以看到列表的顺序已经反转。

（4）L.pop (0)：每个列表对象都有一个 pop 方法，其作用是返回指定位置的元素，并将该元素从列表中移除。因此，该方法返回一个值并修改对象的数据。如果不带参数调用，L.pop () 将删除列表中的最后一项。

每个对象都有自己的数据和方法。即使是字面量，也有适合其类型的标准方法：尝试输入 'Hello'.swapcase () 或 (5.0).is_integer ()。可以使用 dir 函数查看对象的所有相关方法。

方法可以使用对象的数据［上述示例（1）~（4）］。方法可以修改数据［示例（3）、（4）］，也可以不修改数据［示例（1）、（2）］。方法可以返回值［示例（1）、（2）、（4）］，也可以不返回值［示例（3）］。方法可以接受括号中的附加参数［示例（4）］，也可以不接受参数［示例（1）~（3）］。方法的文档描述了方法的行为和用法。

在 Python 中，有些对象一旦创建，其值就固定不变，它们称为**不可变对象**。

不可变对象的方法不会改变对象的值。

字符串和数值型对象是不可变的，因此上述示例（1）和（2）不改变对象的值①。列表是**可变对象**：它们的方法可以修改数据。示例（3）和（4）说明了这一点。很快，我们将介绍 NumPy 数组，它们也是可变对象。

尝试创建本节中提到的所有示例对象，并查看它们在 Spyder 变量管理器窗格中的显示方式。尝试这些对象的方法。

许多对象都有数据字段（有时称为"属性"）。数据字段的作用是描述对象的属性，而不是对象的值。这些属性存储为对象的一部分，不需要计算。Python 只是根据请求查找信息并返回。访问对象属性的语法是 object.property。例如，尝试输入 q=1+3j，后跟 q.imag。你应该看到复数 $1+3\sqrt{-1}$ 的虚部。属性不需要括号，因为数据字段不是函数。表达式以对象的名称（这里是 q）开始，后跟句号和特定属性的名称（这里是 imag）。

可以创建自己的对象，并给对象设置任何你喜欢的数据和方法，但这超出了本章的讨论范围。要了解更多信息，请参阅第 10 章或在网上搜索"Python 类"。

---

① 方法 swapcase 修改原字符串的副本并进行返回，不改变原字符串。

2.2 列表、元组和数组

当批量处理数字时，计算机编程的威力就能充分展现出来。一组数字可以表示力向量等单个数学对象，也可以用于计算函数的值。要处理一组数字，首先需要将它们收集到一个单一的数据结构中。对我们而言，最方便的 Python 数据结构是 NumPy 数组，如下所述。另外，列表和元组也很有用。

2.2.1 创建列表或元组

Python 自带内置的列表对象类型。用方括号将任何一组对象括起来，并用逗号进行分隔，即创建了一个列表 [1]：

```
L = [1,'a', max, 3 + 4j, 'Hello, world!']
```

列表可以包含任何对象；在刚刚给出的示例中，max 是函数的名称。

元组类似于列表，但属于不可变对象。要创建元组对象，请输入 t=(2,3,4)。注意，元组使用圆括号 ()，相比之下，列表使用方括号 []。Python 会扫描圆括号之间的文本，如果找到了逗号，则认为这是一个元组；如果没有任何逗号，则认为圆括号的作用是指定运算次序 [2]。和列表一样，元组也由有序的对象序列组成。然而，与列表不同的是，元组是不可变对象。元组的元素不能重新赋值，元素的顺序也不能修改。在 2.2.2 小节和后续章节中，我们将使用元组来指定数组的形状。此外，函数可以返回一个包含多个对象的元组。

2.2.2 NumPy 数组

列表是对象的序列（有序集合），列表自带的方法可以对其内容执行某些操作，如搜索和计数。我们也可以使用列表进行数值计算。然而，对于数值计算，列表对象通常不是最方便的数据类型。其实我们需要的是数值数组——由数字组成的网格，所有数字都是相同类型的。NumPy 模块提供的数组对象类非常符合我们的需求。NumPy 数组中的所有元素都是相同类型的数字，因此 NumPy 可以对整个数组进行高效的计算。而 Python 列表可以包含

---

[1] 列表可以只包含一个对象，但请注意，2.71（浮点数对象）与 [2.71]（包含一个浮点数对象的列表）是不一样的。列表甚至可以不包含对象：L=[]。

[2] 如果元组只有一个元素，请输入 (0,)。

任何类型的对象，因此列表元素的处理效率要低得多。

> Python 列表不如 NumPy 数组。接下来我们主要使用
> NumPy 数组。

使用以下命令创建一维数组：

```
a = np.zeros(4)
```

函数 np.zeros 需要传入描述数组形状的参数。在本例中，整数 4 表示数组含有 4 个元素。函数将数组的所有元素设置为零。

在数学中，我们常常需要二维或多维数组。尝试以下代码：

```
a = np.zeros( (3, 5) )
```

然后查看结果。这里 np.zeros 仍然接受一个参数。在本例中，参数是元组 (3,5)。函数创建的数组包含 15 个元素，所有元素均为零，排列成 3 行 5 列。名称 a 现在指向 ndarray 对象（*n* 维 **NumPy 数组**），这相当于数学中 3×5 矩阵的概念。

习题 2A

> 使用前面的代码创建 a。然后，在变量管理器中找到 a。双击 a 的值查看数组内部。用函数 np.ones 代替 np.zeros，查看结果。最后，尝试 np.eye(3)。

行向量是二维数组的特例，只有一行：np.zeros((1,5))。类似地，列向量是只有一列的二维数组：np.zeros((3,1))。Python 会完完全全根据你的要求提供结果，因此要注意你的要求：

> 如果想要得到一个含有 N 个零的列向量，请使用
> np.zeros((N,1)) 而不是 np.zeros(N)。如果想要得到
> 一个含有 N 个零的行向量，则使用 np.zeros((1,N))。

函数 np.ones 和 np.random.random 也可以使用相同的语法创建二维数组。

Python 可以报告数组的大小。设置 a 后，使用命令 np.size(a) 查看数组的大小。还可以尝试 np.shape(a)。另外，变量管理器也会显示数组大小这一信息。

NumPy 数组对象携带了自身数据。例如，它可以报告自己的大小和形状

（a.size 和 a.shape）。NumPy 数组的方法还可以对其数据进行运算，如 a.sum()、a.mean() 和 a.std()。当然，当数组元素为非零时，这些方法更有用！

比较 np.zeros(3)、np.zeros((1,3)) 和 np.zeros((3,1)) 的输出。特别要注意每个数组的形状。在 NumPy 看来，第一个数组既不是行向量也不是列向量，而是一维数组——只有一个索引的数组。在某些情况下，NumPy 将对所有 3 种类型的数组一视同仁。然而，在某些矩阵和向量运算中，数组的形状至关重要。在执行这些运算时，请确保数组的形状符合要求。必要时，可以将一维数组重塑为列向量或行向量（见 2.2.9 小节）。

Python 还可以处理二维以上的数组。尝试以下代码并检查生成的数组：

```
A = np.zeros( (2, 3, 4) )
B = np.ones( (2, 3, 4, 3) )
```

不要混淆"三维数组"和"三维向量"的概念。前面定义 A 是一个三维数组。三维数组可以表示填充空间的网格点，每个网格点是一个单一量（标量）。相比之下，三维向量只是 3 个数的集合，每个数是向量的分量。三维向量可以用 np.ones(3) 或 np.ones((3,1)) 这样的数组表示[1]。

2.2.3　用值填充数组

也许你想在数组中设置其他更有趣的值。输入以下命令：

```
a = [2.71, 3.14, 3000]
```

上述命令的作用是使用指定值创建 Python 列表而不是 NumPy 数组。虽然该列表含有我们想要的值，但我们却无法对列表执行想要的操作。要用这些值创建 NumPy 数组，可以对列表调用函数 np.array：

```
a = np.array( [2.71, 3.14, 3000] )
```

让列表中的每个元素创建自己的列表，即用方括号将每个元素括起来，这将返回一个列向量，这是一个二维数组，具有 3 行，每行由一列组成：

```
a = np.array( [ [2.71], [3.14], [3000] ] )
```

---

[1]　🔗由三维向量组成的三维网格可以用四维 NumPy 数组表示！

习题 2B

> 尝试输入：

```
a = np.array( [ [2, 3, 5], [7, 11, 13] ] )
```

> 然后解释结果。

通常，你不想显式指定数组的每个元素。例如，我们经常希望在某个范围内创建均匀间隔的 NumPy 数组。为此，NumPy 提供了两个实用的函数：`np.arange` 和 `np.linspace`。

函数 `np.arange(M,N)` 的作用是创建一个一维数组，其中 M 是第一个元素，M+1 是第二个元素，以此类推，在其达到或超过 N 的值之前停止。

示例：尝试以下命令。检查并描述生成的数组。

```
a = np.arange(1, 10)
b = np.arange(5)
c = np.arange(2.1, 5.4, 0.1)
```

最后一个命令创建了一个序列，但每个元素都比其前一个元素大 0.1，而不是默认的步长 1。

> `arange` 的语法是 `np.arange(起点，终点，步长)`。
> 起点和步长是可选的。默认起点为 0，默认步长为 1。数
> 组中**不包括**终点。

在命令提示符处输入 `help(np.arange)` 以了解更多信息。

函数 `np.linspace(A,B,N)` 具有类似的功能。它创建的一维数组正好有 N 个间隔均匀的元素。第一个元素等于 A。然而，与 `np.arange` 函数不同的是，最后一个元素正好等于 B。你不需要指定间距，Python 会自动确定，从而使 A 和 B 之间正好有 N 个间隔相等的点。

> `linspace` 的语法是 `np.linspace(起点，终点，元素数)`。数组中**包括**终点。

习题 2C

> 尝试输入：

```
a = np.arange(0, 10, 2)
b = np.linspace(0, 10, 6)
```

然后解释结果。尝试用np.arange和np.linspace创建相同的数组。（提示：将步长添加到np.arange中的终点时会发生什么？）

现在尝试输入：

```
a = np.arange(0, 10, 1.5)
b = np.linspace(0, 10, 7)
```

描述a和b的区别。解释原因。如果要计算0~10范围内函数的值，应采用哪种形式？

若要计算函数在某个范围内的值，就需要创建一个序列，而np.linspace是合适的函数。你可以指定范围的起点和终点（以及序列中的点数）。然而，当点之间的间距需要完全准确时，则使用np.arange。

如果需要同时控制终点和间距，则可以使用以下语句结构：

```
x_min = 0
x_max = 10
dx = 0.1
x_array = np.arange(x_min, x_max + dx, dx)
```

Python还有一个名为range的内置函数，但它不能创建数值数组。相反，它创建一个对象，通过一次返回一个值来返回值的序列。这使得range主要用于循环（见3.1节的介绍），但不应该用于代替数组。

2.2.4 数组拼接

多个数组如何合并成大数组？NumPy提供了两个有用的方法。每个方法都接受一个参数，参数可以是列表或元组，其元素是要合并的数组。

➤ np.hstack（水平堆叠）：生成的数组的行数与原始数组相同。要堆叠的各个数组必须具有相同的行数。

➤ np.vstack（垂直堆叠）：生成的数组的列数与原始数组相同。要堆叠的各个数组必须具有相同的列数。

尝试以下示例，并描述结果：

```
a = np.zeros( (2, 3) )
b = np.ones( (2, 3) )
h = np.hstack( [a, b] )
v = np.vstack( [a, b] )
```

查看 h 和 v 的内容，并对它们的形状与 a 和 b 的形状进行比较。

2.2.5　访问数组元素

创建数组、列表或元组后，可以单独访问其中的每个元素。在命令提示符下尝试以下代码：

```
A = np.array( [2, 4, 5] )
A[0]
A[1] = 100
print(A)
```

将数组的索引（偏移量）用方括号括起来，而不是用圆括号括起来。

使用圆括号（普通括号）请求数组元素是学习 Python 时的常见错误。

上面的第三行语句仅更改数组中的一个元素，但这个元素可能不是真正需要更改的元素。在 Python 中，列表、元组、数组和字符串的索引都从 0 开始。因此，A[1] 是 A 的第二个元素。这和数学教科书中关于向量和矩阵的约定不同[1]。访问字符串中的字符也使用同样的索引方案。

Python 中的索引从 0 开始。如果 A 是一个一维数组，具有 N 个元素，则第一个元素是 A[0]，第 N 个元素是 A[N-1]。请求元素 A[N] 将导致错误。

A[N-1] 在数学教科书中可能记为 A_N，大多数数学教科书不会出现符号 A_{-1}。但在 Python 中，负索引表示距离列表或数组末尾的偏移量。更准确地说，A[-1] 将访问数组的最后一个元素，而 A[-n] 表示从数组末尾开始的第 n 个元素。

为了理解如何访问二维数组中的元素，请尝试以下代码：

```
A = np.array( [ [2, 3, 5], [7, 11, 13] ] )
A[0]
A[0][1]
A[1][2] = 999
```

在上面的第二行代码中，A[0] 返回元素为 [2,3,5]（第一行）的数

---

① 🔢 Python 沿用另一种编程语言——C 语言中的约定。在 C 语言中，数组的名称会链接到内存中存储了数组第一个值的位置。索引被解释为偏移量。因此，要获得数组中的第一个元素，需要的偏移量为零：A[0]。

组。在第三行代码中，A[0][1] 随后请求 A[0] 数组中的第二项，即数字 3。
NumPy 数组也支持简写索引方案：

```
A = np.array( [ [2, 3, 5], [7, 11, 13] ] )
A[0, 1]
A[1, 2] = 999
```

A[i][k] 和 A[i,k] 都返回第 i+1 行和第 k+1 列相交处的元素。数学
教科书将此元素称为 $A_{i+1,k+1}$。同样，如果从偏移量的角度考虑，Python 中的表
示更容易理解：A[i,k] 是从数组左上角开始向下移 i 步、向右移 k 步的元素。

2.2.6 数组和赋值

变量的赋值语句（如 f=2.5）与数组元素的赋值语句（如 A[1]=2.5）
类似。然而，在 Python 中，这些语句的处理方式是不同的，因此理解二者的
区别很重要。

当对数组元素进行访问和赋值时，我们使用数组对象的方法来查看和修
改其数据[①]。相比之下，当对变量进行赋值时，如 f=2.5，Python 会将变量名
绑定到一个新对象。除非同一个对象绑定了两个名称，否则二者的行为几乎
没有区别。

下面创建两个指向同一个浮点数对象的变量和两个指向同一个数组对象
的变量：

```
f = 2.5
g = f
A = np.zeros(3)
B = A
```

在执行以下命令之前和之后，检查全部 4 个变量 A、B、f 和 g：

```
g = 3.5
A[0] = 1
B[1] = 3
```

第一个语句改变了 g 的值，但对 f 没有影响。然而，改变 A 或 B 中的元
素将同时改变 A 和 B。原因是 A 和 B 绑定到同一个数组对象，并且 A 和 B 都
使用该对象的方法来修改其数据。

---

① 表达式 A[1] 是方法 A.__getitem__(1) 的缩写，A[1]=2.5 则调用方法 A.__setitem__
(1,2.5)。

> 如果多个变量绑定到同一个数组，则这些变量**都**可以
> 使用数组的方法来修改数组数据。

这包括单个元素的赋值。

列表也具有类似的行为。但是元组不同，元组是不可变对象，不允许对元素重新赋值，因此如果 A 是元组，则 A[0]=1 将导致错误。

变量赋值和数组赋值还有一个重要区别。如果输入 A=1，Python 不会引发错误，即使 A 之前未定义。但是，如果在定义 A 之前尝试 A[0]=1，Python 将返回一条错误消息。原因是 A[0]=1 试图使用对象 A 的方法来修改其数据。由于不存在这样的对象，Python 无法继续。如果需要逐一设置数组的元素，则应首先创建一个适当大小的数组，例如 A=np.zeros(100)。

2.2.7 切片

从数组中提取多个元素是一个常见的需求。例如，你可能希望检查数组的前 10 个元素或矩阵的第 17 列。这些操作可以使用**切片**这一技术来完成。

> 切片的语法是 a[起点 : 终点 : 步长]。

在 Python 中，索引中的冒号表示切片。因此，a[起点 : 终点 : 步长] 返回一个新数组，其元素为

---

a[起点]，a[起点 + 步长]，a[起点 + 2* 步长]，...，a[起点 + M* 步长]

其中，M 是满足"起点 + M* 步长 < 终点"的最大整数。步长放在最后。如果省略步长，则默认值为 1。如果省略起点或终点，则默认值分别为第一个索引和最后一个索引。如果省略步长，则第二个冒号也可以省略。

要查看 a 中的前 10 个元素，可以使用表达式 a[0:10:1] 或更简洁的 a[:10]。同样的语法还可用于对多维数组的每个维度进行切片。例如，要获取矩阵第三列的一个切片，可以使用 A[起点 : 终点 : 步长 ,2]。

假设现在有一组实验数据，放在数组 A 中，其中包含两列。为了进行分析，需要将两列数据拆分为单独的数组。如果不知道 A 中的行数，可以先获得行数，然后将切片赋给单独的变量：

```
N = np.size(A, 0)
x = A[0:N:1, 0]
y = A[0:N:1, 1]
```

冒号本身表示索引的所有允许值（即起点 =0，终点 =-1，步长 =1）。使用这种方式可以更简洁地指定切片：

```
x = A[:, 0]
y = A[:, 1]
```

习题 2D

尝试以下命令来熟悉切片操作：

```
a = np.arange(20)
a[:]
a[::]
a[5:15]
a[5:15:3]
a[5::]
a[:5:]
a[::5]
```

解释每行的输出。

你可以构造一个只返回 a 的奇数项的切片操作吗？

切片操作也可以使用负索引值。如果数组大小未知，而你只想查看最后几个元素，那么负索引值就特别有用。例如，a[-10:] 将返回 a 中存储的最后 10 个元素（假设 a 中至少有 10 个元素）。类似地，切片 a[:-10] 将止于数组倒数第 10 个元素之前，也就是说，除了 a 中存储的最后 10 个元素，它包含所有的其他元素。

数组切片也可以出现在赋值语句中：

```
A = np.zeros(10)
A[0:3] = np.ones(3)
```

上述代码只替换 A 中的一组值，其余保持不变（见 2.2.6 小节）。

2.2.8 展平数组

数组可以具有任意维度。在某些情况下，你可能希望将多维数组的值展平为一维数组。函数 np.ravel 可以实现这样的功能。ravel 可以作为 NumPy 函数或作为数组方法访问。另外，NumPy 数组也自带展平函数。尝试以下命令，并检查结果：

```
a = np.array( [ [1, 2], [2, 1] ] )
b = np.ravel(a)
c = a.ravel()
d = a.flatten()
```

特别要注意的是，ravel 和 flatten 都不会改变数组 a。这两个方法都返回一个新的一维数组，其中包含的元素与 a 相同。但是，这两个方法有一个显著差异。flatten 方法返回新的独立数组，ravel 方法则返回 ndarray 对象，该对象访问的数据与 a 相同，但形状不同。要观察这一点，请比较赋值语句 d[1]=11 和 b[2]=22 对所有 4 个数组的影响。

2.2.9　改变数组形状

展平数组只是改变数组形状的一种方法。使用 np.reshape 或数组自带的 reshape 方法可以将数组重铸成满足其元素数量约束的任何形状。尝试以下操作，并检查每个数组：

```
a = np.arange(12)
b = np.reshape(a, (3, 4) )
c = b.reshape( (2, 6) )
d = c.reshape(2, 3, 2)
```

reshape 方法采用 (3,4) 或 (2,3,2) 等数字元组作为参数（调用数组的 reshape 方法时，不需要将新的形状括在圆括号中）。只要这些数字的乘积等于原数组中的元素数量，reshape 方法就会返回一个新数组。如果请求的形状元组中的某个元素是 -1，那么 np.reshape 将对其进行相应替换，使元素总数与输入数组匹配。

和 ravel 类似，reshape 方法返回 ndarray 对象，该对象可以访问的数据与 a 相同，但形状不同。修改本例中任意数组的元素都将影响所有 4 个数组[1]。

reshape 方法可以方便地将任何数组转换为行向量或列向量：

```
z = np.arange(10)
z_row = z.reshape(1, -1)
z_col = z.reshape(-1, 1)
```

---

[1] 对数组进行切片、改变数组形状的操作，以及 NumPy 的 ravel 方法都将返回原数组的**视图**。也就是说，生成的对象可以访问的数据与原始数组相同。对视图的任何更改都会改变原始数组及原始数组的所有其他视图，见附录 F。

其他方法见 2.2.3 小节。在调用 reshape 方法时，允许将 -1 作为一个（且仅一个）维度进行传参。NumPy 将此解释为改变数组形状的请求，它会自动调整该维度的数值。如果将 1 作为另一维度，则 NumPy 将把数组的所有元素放在单行或单列中。

2.2.10 $\boxed{T_2}$列表和数组作为索引

关于 NumPy 数组切片，Python 还提供了更加灵活的方法：在索引位置使用列表或数组。使用整数列表将返回一个数组，该数组仅包含原始数组在列表指定偏移量处的元素。尝试以下代码：

```
a = np.arange(10, 21)
b = [2, 4, 5]
a[b]
```

如果列表 b 本身是自动生成的，则此方法非常有用。例如，如果要对 a 中包含的信号进行采样，则 b 可以是采样时间点的列表。

另外，还可以使用**布尔数组**（元素只为 True 或 False 的数组）从形状相同的另一个数组中筛选元素。这种方法称为**逻辑索引**。尝试以下代码：

```
a = np.arange(-10, 11)
less_than_five = (abs(a) < 5)
b = a[less_than_five]
```

第二行代码中的比较运算将返回一个数组，其形状与 a 相同，元素为 True 或 False，具体取决于 a 中的特定元素是否满足比较运算[1]。当使用 less_than_five 作为 a 的索引时，Python 将返回一个数组，其中仅包含 less_than_five 中对应元素为 True 的 a 中的那些元素。

数组用作索引时不需要单独创建名称。下面的一行代码相当于上述示例的最后两行代码：

```
b = a[abs(a) < 5]
```

---

[1] 这是向量化计算的一个例子，向量化计算将在 3.2.1 小节中讨论。

2.3 字符串

Python 不仅可以处理数字，还可以处理文本。对我们而言，**字符串**是第二重要的数据结构。字符串可以包含任意数量的字符。字符串可以使用以下代码来创建：

```
s = 'Hello, world!'
print(s)
type(s)
```

请注意 `type(s)` 的输出。

上面等号右侧的表达式是**字符串字面量**。等号的作用是将此短句赋值给 s。Python 允许你使用单引号（`'`）或双引号（`"`）来定义字符串，但是字符串的开始引号和结束引号必须相同。

字符串字面量以单引号或双引号开始和结束。

单引号和键盘上的撇号是一样的。在键盘的其他地方，还有一个不同的键：重音符。你可能会尝试将其用作左引号，如 `` `string' ``，但 Python 无法理解这种语法。

如果需要在字符串中使用撇号，可以将整个字符串用双引号括起来："Let's go!"。如果同时需要使用撇号和双引号，则必须在字符串的引号之前使用反斜杠（`\`）。输入 `"I said, \"Let's go!\""` 或 `'I said, "Let\'s go!"'`。一般而言，在字符串中，反斜杠是一个**转义字符**，意思是"按照字面意思解释下一个字符"。在这两个示例中，反斜杠的作用是告诉 Python，双引号和撇号分别是字符串的一部分，而不是字符串的开头或结尾①。

字符串可能包含看起来像是数字的内容，例如 s='123'。然而，Python 仍然认为这样的值是字符串，而不是数字 123。尝试输入以下代码：

```
a = '123'
b = a + 1
```

当尝试将数字和字符串相加时，Python 会发出 `TypeError`。但是，你可以将字符串转换为数字。如果输入是从键盘获得的，这种转换可能是必要

---

① 反斜杠还可以用于编码特殊字符，如换行符（`\n`）和制表符（`\t`），另见 4.2.2 小节。你甚至可以通过"`\\`"对反斜杠进行编码。

的。Python 可以进行合理的转换，如将 "123" 转换为整数或将 "3.14159" 转换为浮点数，但是它不知道如何将包含小数点的字符串直接转换为整数。请尝试以下操作：

```
s = '123'
pie = '3.142'
x = int(s) + 1
y = float(pie) + 1
z_bad = int(s) + int(pie)
z_good = int(s) + int(float(pie))
```

Python 确实知道如何将两个字符串"相加"。尝试以下代码：

```
"2" + "2"
```

但得到的结果和预期的不一样。Python 使用加号（+）拼接（连接）字符串：

```
s = 'Hello, world!'
t = 'I am Python.'
s + t
```

习题 2E

> 上面的计算结果似乎不完全正确。将最后一行代码替换为 s+' '+t，并解释产生这样输出结果的原因。

有些 Python 函数需要传入字符串参数。例如，图形标题和图例必须指定为字符串（见 4.3 节）。你可能希望在这样的字符串中包含变量的值。如果该值还不是字符串，则可以将其转换为字符串。正如 Python 可以将字符串转换为整数和浮点数一样，它也可以将数字转换为字符串。内置函数 str 会尝试将你提供的任何输入转换为字符串：

```
s = "Poisson distribution for $\\mu$ = "+ str(mu_val)
```

现在，PyPlot 可以使用该字符串生成图形标题。在该表达式中，各部分含义如下。

> ➢ 加号"+"的作用是连接两个字符串。
> ➢ 第一个字符串是一个字面量。它包含一些特殊的字符，PyPlot 可以使

用这些字符生成希腊字母 μ[①]。

➤ 第二个字符串是通过变量 mu_val 的当前值而获得的。

打印浮点数时，**Python** 可以显示多达 16 位数字。如果上例中 μ 具有较多的数字，则 str 命令就会生成较长的字符串。这也许可以满足要求，但 **Python** 对字符串的外观提供了更多的控制。可以使用包含百分号（%）的特殊命令或每个字符串所拥有的 format 方法来控制数字在字符串中的显示方式。百分号的使用比较广泛，因此下面会对其进行简要介绍。然而，format 方法的行为更像 **Python** 中的其他函数，因此我们将首先讨论它，并在本书的其余部分使用它。

2.3.1　原始字符串

包含反斜杠的字符串，例如 LaTeX 命令或 Windows 文件名，因为涉及各种转义字符，所以输入起来非常烦琐。使用**原始字符串**可以化繁为简。在原始字符串中，没有转义字符，反斜杠就是反斜杠。要创建原始字符串，只需在第一个引号前面加上字母 r：

```
# Windows 路径
path1 = "C:\\Documents\\code\\data1.csv"          # 普通字符串
path2 = r"C:\Documents\code\data2.csv"            # 原始字符串

# LaTeX 字符串
latex1 = "$\\cos \\theta = \\dfrac{\\sqrt{3}}{2}$"   # 普通字符串
latex2 = r"$\cos \theta = \dfrac{\sqrt{3}}{2}$"      # 原始字符串
```

path1 和 path2 的含义，或者 latex1 和 latex2 的含义没有区别，不妨使用 print 命令进行验证。原始字符串易于输入，不易出错，但这是以牺牲灵活性为代价的。创建原始字符串时不能使用换行符、制表符或其他特殊字符。要想使用这些字符，就必须使用下面的字符串格式化方法。

2.3.2　使用 format 方法格式化字符串

下面是一些使用 format 方法的示例[②]。请尝试以下代码：

---

① 🔢 Python 将美元符号之间的文本解释为 LaTeX 排版指令。第一个反斜杠的作用是对第二个反斜杠进行转义，防止第二个反斜杠被解释为转义字符本身。

② 代码段中的井号"#"表示注释（见 3.3.4 小节）。此处的注释表示代码段的名称，以便你在本书的在线资源中找到它。

```
# string_format.py
"The value of pi is approximately "+ str(np.pi)
"The value of {} is approximately {:.5f}".format('pi', np.pi)
s = "{1:d} plus {0:d} is {2:d}"
s.format(2, 4, 2 + 4)
"Every {2} has its {3}.".format('dog', 'day', 'rose', 'thorn')
"The third element of the list is {0[2]:g}.".format(np.arange(10))
```

在调用字符串的 format 方法时，Python 将花括号（{}）解释为占位符，以便在其中插入值。format 的参数是表达式，表达式的值将被插入指定的点位。表达式可以是字符串、数字、列表等。上述示例说明了 format 方法的 4 个属性。

➢ 空的花括号用于插入相关的表达式，如第 3 行代码所示。如果花括号中包含冒号（:），后跟格式化命令，则可以对相关参数项进行格式化。例如，"{:.5f}"表示"将相关参数项格式化为浮点数，小数点后保留 5 位数字"。

➢ 参数项还可以通过传入 format 方法的各个表达式的索引进行显式引用。上面示例中的第 4 行代码定义了一个包含 3 个占位符的字符串，占位符可在稍后进行填充。字符串将采用 format 的第二个、第一个和第三个参数，并将这些参数插入指定的位置。语法"{1:d}"表示"在此处插入第二个参数，并将其显示为十进制整数"（Python 还可以分别使用 {:b}、{:o} 和 {:x} 将整数表示为二进制、八进制和十六进制形式）。

➢ 第 6 行代码表明，并非所有参数都必须使用。

➢ 最后一行演示了如何引用传入 format 的数组的单个元素：替换字段 0[2] 指向第一个参数的第三个元素，格式说明符 ":g" 指示 Python 使用尽可能少的字符显示数字（通用格式）。也可以选择指数表示法，保留浮点数尾部的零。

Python 的 help(str) 信息提供了字符串各种可用方法的基本说明。这里仅提供字符串处理的基本介绍。如果你想进一步探索，网上还有许多参考资料。不过，像下面这样做可能会更快、更有趣：

　　　　在控制台进行实验，探索代码是如何工作的。

2.3.3 [T₂]使用%格式化字符串

要查看%语法是如何工作的，请在命令提示符下尝试以下代码：

```
# string_percent.py
"The value of pi is approximately "+ str(np.pi)
"The value of %s is approximately %.5f"% ('pi', np.pi)
s = "%d plus %d is %d"
s % (2, 4, 2 + 4)
```

当字符串字面量或变量后跟%运算符时，Python 预计你要提供嵌入值进行格式化并插入该字符串。字符串中额外的%字符表示目标插入点。如 2.3.2 小节所述，%后可接每个嵌入值如何格式化的信息。如这些示例所示，字符串中可以插入多个值，每个值可以是表达式求值后的结果。嵌入值必须按%符号在字符串中显示的顺序提供。

因此，在上面示例的第 3 行代码中，"%s"表示"在此处插入一个字符串"。同样，"%.5f"表示"在此处插入一个浮点数，小数点后保留 5 位数字"。在示例的第 4 行代码中，"%d"表示"在此处插入一个十进制整数"。

在 Python 中，百分号不仅可以格式化字符串，还可以用作算术运算符。在 5%2 这样的表达式中，百分号表示**模运算**，它返回除法中的余数。你不妨试试看。因为百分号具有多重含义，所以涉及百分号的错误可能导致令人费解的现象，并且难以诊断。

本章介绍了科学计算中最常见的 Python 数据结构。这些内容对于着手数组处理和字符串操作已经绰绰有余。然而，为了充分利用 Python，仅仅在命令行中输入指令是不够的。我们需要更进一步。第 3 章将介绍指令链中的操作流，也就是计算机程序。

第**3**章
结构与控制

当来到岔路口的时候，一定要选一条路走。

——约吉·贝拉

第 2 章介绍了存储和组织数据的有用结构。为了高效利用这些结构，数据的重复性操作需要实现自动化处理。本章介绍如何将代码组合为"重复块"（循环）和"或然块"（分支），以及如何将代码块组装为可重用的计算机程序（称为脚本）。

3.1 循环

在前面的介绍中，Python 基本上是一个高级计算器，具有一定的字符串处理功能。不过，我们可以在所学的基础上再接再厉，完成越来越复杂的任务。在本节中，我们将探讨两种**控制结构**：for 循环和 while 循环。有了这两种结构，我们就可以根据需要重复执行一系列操作。

3.1.1　for 循环

下面我们不是只求解一个二次方程，而是更进一步，在保持 b 和 c 固定的情况下，不断改变 a 的值来求解方程，进而创建 a 和 x 的表格。为此，我们将使用**循环**。尝试在 IPython 控制台输入以下代码：

```
# for_loop.py
b, c = 2, -1
for a in np.arange(-1, 2, 0.3):
    x = (-b + np.sqrt(b**2 - 4*a*c)) / (2*a)
    print("a= {:.4f}, x= {:.4f}".format(a, x))
```

在空行上按 <Return> 退出循环块，并运行代码。

注意 for 语句后面的冒号。冒号是必不可少的。它的作用是告诉 Python 接下来的缩进代码属于 for 循环。后面即将讨论的 while 循环以及 if、elif 和 else 语句也使用冒号。

for 关键字的作用是指示 Python 缩进的代码块需要重复执行。其工作原理如下。

（1）函数 np.arange(-1,2,0.3) 用于生成一系列值，从而在执行缩进的代码块时使用。Python 从数组中的第一个元素开始，循环遍历数组中的每个值。

（2）Python 首先将初始值 -1 赋给 a，然后计算二次方程的解并打印结果。如果没有 print 语句，则在计算过程中不会显示任何内容。

（3）执行到缩进代码块的末尾时，Python 跳回循环的开头，更新 a 的值，并再次执行缩进的代码块。最后，Python 到达数组的末尾。然后，Python 跳转到下一个未缩进的代码块（本例中没有）。这时，我们称之为"退出循环"。

注意，a 是一个普通变量，a 的值可以在计算过程中访问。然而，在循环内部修改 a 的值通常是不可取的。当 Python 到达缩进代码块的末尾后，它将继续读取数组中的下一个值，之前对 a 值所做的任何更改都会被舍弃。

上面的示例说明了 Python 的一个非常重要的特性：

代码块仅由其缩进定义。

许多编程语言使用特殊字符或命令来分隔代码块。Java、C 或 C++ 使用花括号（{...}）将 for 循环中的指令括起来，而其他语言则使用关键字表示代码块的结尾（例如，MATLAB 使用 end）。在 Python 中，语句是否缩进，完全决定了语句是在循环内执行还是在循环外执行。这迫使你必须按照要求组织程序的文本，以便计算机正确执行。有了缩进，你只需看一眼就知道循环中有哪些命令，以及代码块在哪里结束。而在复杂循环的末尾，代码也不会充斥着悬垂的花括号或金字塔形的 end 语句。

那么应该缩进多少？ Python 只有以下要求。

➤ 缩进由空格或制表符组成。

➤ 代码块内的缩进必须一致。例如，不能在一行中使用 4 个空格，而在另一行中使用一个制表符，即使制表符在外观上看也是缩进了 4 个空格。

➤ 当开始一个新的代码块时，缩进级别必须增加，当代码块结束时，缩进级别必须回到以前的级别。

官方"Python 代码样式指南"建议使用空格而不是制表符，每个缩进级别使用 4 个空格，见 Python 网站。

IPython 命令行解释器提供了设置缩进的辅助功能。当输入 for 循环的第一行并按 <Return> 时，下一行将自动缩进。编写程序时，必须确保语句正确缩进。许多半智能编辑程序，包括 Spyder 编辑器，也提供了缩进的辅助功能。

尝试输入以下修改后的指令集，并解释输出与以前不同的原因。在输入最后一行之前，按 <Backspace> 或 <Delete> 可撤销自动缩进：

```
b, c = 2, -1
for a in np.arange(-1, 2, 0.3):
    x = (-b + np.sqrt(b**2 - 4*a*c)) / (2*a)
print("a= {:.4f}, x= {:.4f}".format(a, x))
```

显然，这个版本的循环将遍历 a 的值，然后在 Python 退出循环后显示 a 和 x 的最终值。

如果循环的主体非常简短，可以不用考虑缩进，直接将主体写在 for 语句冒号后面的同一行内：

```
for i in range(1, 21): print(i, i**3)
```

3.1.2 while 循环

第二种控制结构是 while 循环。当需要在某个通用条件成立时重复执行代码块，但又不知道需要迭代多少次时，就可以使用 while 循环。while

循环在条件第一次为 False 时退出。例如，可以循环计算二次方程的解，直到判别式改变符号为止，如下所示：

```
# while_loop.py
a, b, c = 2, 2, -1
while (b**2 - 4*a*c >= 0):
    x = (-b + np.sqrt(b**2 - 4*a*c)) / (2*a)
    print("a = {:.4f}, x = {:.4f}".format(a, x))
    a = a - 0.3
print("done!")
```

注意，因为迭代没有使用数组，所以需要在循环内部（第 6 行）显式地更改 a 的值。另外，请注意，为 a、b 和 c 选择某些值可能会导致无限循环（见 3.1.4 小节）。

和 for 循环一样，语句缩进的作用是告诉 Python 哪些命令需要在 while 循环内部执行以及循环完成后在哪里继续执行代码。在上面的示例中，代码在完成循环后会打印一条短消息。

3.1.3　超长循环

有些计算需要很长时间才能完成。在等待期间，你可能想知道代码是否还在正常运行。因此最好让代码提供进度更新。对于像 for ii in range(10**6): 这样的循环，可以插入以下代码行：

```
if ii % 10**5 == 0: print("{:.0f} percent complete".format( 100*ii/10**6 ))
```

这里，百分号表示取余运算（见 2.3.3 小节）。

3.1.4　无限循环

当使用循环时，可能会陷入**无限循环**，这很危险，无限循环永远不会终止。无限循环通常属于程序漏洞，因此有必要了解如何在不退出 Python 的情况下停止无限循环的程序。

停止 Python 程序的最简单方法是按 <Ctrl-C> 触发 KeyboardInterrupt。这将适用于大多数程序和命令。现在尝试在 IPython 命令提示符下输入以下代码：

```
while True: print("Here we go again ...")
```

当按 <Return> 后，Python 将陷入无限循环。按 <Ctrl-C> 可停止循环[①]。

<Ctrl-C> 还可用于停止耗时过长的命令或脚本，或者弄错输入的冗长计算。只需在 IPython 控制台窗格中单击一下，然后按 <Ctrl-C> 即可。IPython 控制台右上角还有一个 STOP■ 按钮（见图 1.1），用于从 Spyder 中触发 KeyboardInterrupt。再次运行无限循环命令，并使用 STOP■ 按钮将其停止。

Python 可能需要一段时间来响应，这取决于 Python 目前正在处理什么任务，但 <Ctrl-C> 或 STOP■ 按钮通常会停止程序或命令。但是，如果 Python 完全没有响应，则可能必须退出 Spyder，或者使用 IPython 控制台窗格 STOP■ 按钮右侧 OPTIONS ≡ 菜单中的"重启内核"选项强制退出。如果发生这种情况，所有未保存的内容可能会丢失，因此务必定期保存手上的工作。

IPython 会记录输入的命令。如果需要恢复之前的工作，或者希望将一系列有用的命令复制到单独的文件中供以后使用，则可以使用 IPython 的魔法命令 %history。默认情况下，这将显示当前会话中输入的所有命令。但是，如果因为某种原因不得不重启内核或 Spyder，那么在此之前使用 %history 重建事务状态则帮助不大。不过，可以提供可选参数来指定回溯距离。输入 %history -l 100，将显示最近 100 条命令。必要时，这些命令会跨越多个 IPython 会话。可以选择部分历史记录并复制到剪贴板，常用的方法是使用鼠标选中，然后按 <Cmd-C>，或者右击鼠标并选择复制。使用 IPython 魔法命令 %paste 可以直接从剪贴板粘贴命令并加以运行。会话记录可用于恢复之前的工作，也可作为编写 Python 脚本的依据，Python 脚本将在第 4 章讨论。

3.2　数组运算

人们之所以使用数组，原因之一是 NumPy 拥有非常简洁的语法来处理数组的重复操作。NumPy 可以直接计算数组中每个元素的平方根或矩阵中每一列的和，速度远远快于使用 for 循环。将某个操作运用到整个数组而不是单个数字（标量）称为**向量化**。合并数组元素创建较小数组的操作（如对矩

---

① 如果使用的是 Jupyter Notebook，<Ctrl-C> 将不起作用。必须使用"中断内核"按钮（停止按钮）或三键序列：<Esc>、<I>、<I>。

阵各列求和）称为**数组约减**。下面来看这两种操作的示例。

3.2.1　向量数学

3.1.1 小节中的二次方程可以使用以下代码求解：

```
# vectorize.py
b, c = 2, -1
a = np.arange(-1, 2, 0.3)
(-b + np.sqrt(b**2 - 4*a*c)) / (2*a)
```

输入的最后一行命令和前面 a 为单个值时完全相同，但是 Python 会对 a 中的每个元素进行运算，并以数组形式返回结果。

为了计算第 4 行表达式，Python 主要执行以下步骤[①]。

（1）Python 从最里面的子表达式开始计算。它首先计算 b**2 并保存结果。在计算 4*a*c 时，Python 注意到数组 a 要乘以 4。Python 将此解释为每个元素都需要乘以 4。这是数学中的标准解释：当向量乘以标量时，每个分量都要乘以标量。然后，Python 以同样的方式将得到的数组乘以 c。

（2）在计算 4*a*c 之后，Python 看到现在需要对此结果与标量 b**2 进行运算。在标准的数学用法中，向量和标量相加没有意义，但这里不同，Python 将此解释为创建新数组的请求，其中索引为 k 的元素等于 b**2-4*a[k]*c。也就是说，数组和标量的加减法也是逐项计算的。

（3）然后，Python 将第（2）步生成的数组作为参数传递给 np.sqrt 函数。NumPy 的平方根函数不仅可以接收单个数字，而且和 NumPy 模块中的许多函数（包括 sin、cos 和 exp 函数）一样，还可以作用于数组。函数将对每个元素执行逐项运算，并返回新的结果数组[②]。

（4）Python 使用第（2）步中的规则将 -b 与第（3）步的数组相加。

（5）Python 将第（4）步的数组除以 2*a。此操作涉及两个数组，稍后再作讨论。它也是逐项计算的。

vectorize.py 中的代码是之前 for 循环的向量化形式。向量化代码的运行速度通常要远远快于使用显式 for 循环编写的等效代码，因为聪明的程序员优化了 NumPy 函数，使其在"幕后"运行使用 C 和 Fortran 编写的编译程序，从而避免 Python 解释器的平常开销。

---

①　Python 实际使用的过程可能更高效。
②　要使用正确的模块。math 模块中的 sqrt 函数不接受数组作为参数。

向量化还有助于编写清晰的代码。冗长而杂乱的代码难以阅读，因此很难发现程序错误。当然，极度浓缩的代码同样难以阅读。随着经验的积累，每个人的编码风格也将不断演变。当然，如果一段代码使用 for 循环运行得足够快，那就没有必要推倒重来进行向量化。

现在继续解释本节开始部分的示例。变量 a 是一个数组，因此 -b + np.sqrt(b**2-4*a*c) 和 2*a 也是数组。当相同形状的两个 NumPy 数组通过 +、-、*、/ 或 ** 连接时，Python 将对每对对应元素执行相应操作，并在相同形状的新数组中返回结果。

数组的每个数学运算并非都是逐项执行的。不过，大多数常见的数组运算是逐项执行的。假设要绘制函数 $y=x^2$ 的图像，可以通过 x=np.arange(21) 设置一个值数组。然后，输入 y=x**2 或 y=x*x 就能得到想要的结果。

习题 3A

> a. 你可能希望计算函数 $y=e^{-x^2}$ 在某个范围内的值，从而绘制正态概率分布图。试用向量化方法编写此代码。
>
> b. 我们通常希望计算函数 $e^{-\mu}\mu^n/(n!)$ 在整数 $n=0, 1, \cdots, N$ 上的值。这里，感叹号表示阶乘。试用向量化方法编写此代码，其中 $N = 10$、$\mu=2$（也可以从 SciPy 的特殊函数集合 scipy.special 中导入 factorial 阶乘函数）。

逐项运算同样适用于多维数组。要结合的数组必须具有相同的形状。只有当 a.shape==b.shape 为 True，或者 a 和 b 可以"广播"到同一形状（例如，数字可与任何形状的数组相加）时，表达式 a+b 和 a*b 才不会生成错误消息。有关广播的详细信息，请尝试在网上搜索"NumPy 广播"。

NumPy 数组的大多数数学运算是逐项执行的。

向量化操作仅适用于 NumPy 数组。大多数数学运算符在 Python 列表、元组或字符串中没有定义。虽然有些也有定义，但它们的作用并非执行算术运算。执行以下命令就能看到数值计算中通常使用数组而不是 Python 列表的原因：

```
x = [1, 2, 3, 4, 5, 6]
2 * x
x + 2
x * x
x - x
```

如果用"+"将两个列表、两个元组或两个字符串"相加"，结果将是连接或拼接它们。Python 的列表对象可以用于许多计算场景，但对大型数字集合进行快速数学计算却不是其中之一。

T₂ 向量化逻辑

Python 的逻辑运算符（如 and、or 和 not）在运用于数组时会出错。如果需要对布尔数组进行向量化逻辑运算，可以改用算术运算符。布尔对象的"加法"表示逻辑"或"，"乘法"表示逻辑"与"。布尔数组前面的 ~（波浪号）表示"非"或逻辑否定。尝试以下代码：

```
x = np.array([True, True, False, False])
y = np.array([True, False, True, False])

x + y      #逐元素运用"或"运算
x * y      #逐元素运用"与"运算
~x         #逐元素运用"非"运算
```

3.2.2 矩阵数学

有时，你可能希望根据矩阵数学的规则，而不是逐项运算来合并数组。例如，两个向量的"点积"（或者更加广义的矩阵乘法）需要调用一个特殊的函数。比较以下两个运算的输出：

```
a = np.array( [1, 2, 3] )
b = np.array( [1, 0.1, 0.01] )
a*b
np.dot(a, b)
```

a 中元素的数目等于 b 中元素的数目，因此二者的点积满足定义。在这种情况下，结果是一个数字 [①]：$a \cdot b = a_1b_1 + a_2b_2 + a_3b_3$。

习题 3B

将 a 定义为行向量，将 b 定义为列向量，然后替换上面的前两行代码：

```
a = np.array( [1, 2, 3] ).reshape((3,1))
b = np.array( [1, 0.1, 0.01] ).reshape((1,3))
```

再次计算 a*b 和 np.dot(a,b)，并解释得到的结果。第一个结果可能会让你吃惊。这是一个称为"外积"的有用运算。

---

① 计算点积还有其他方法。每个数组都有一个 dot 方法：a.dot(b) 等价于 np.dot(a,b)。在 Python 3.5 及更高版本中，你还可以使用"@"符号作为矩阵乘法的简写：a@b 也等价于 np.dot(a,b)。

3.2.3　约减数组

像 sin 这样的普通函数，在面对一个数组时，会执行逐项运算。相比之下，其他一些函数则将数组的元素合并在一起，生成的结果比原始数组的元素少。有时结果是一个数字。这样的操作称为**约减数组**。

常见的数组约减是求每行或每列中元素的和，或者求数组中所有元素的和。尝试以下代码：

```
a = np.vstack( (np.arange(20), np.arange(100, 120)) )
b = np.sum(a, 0)
c = np.sum(a, 1)
d = np.sum(a)
```

函数 np.sum(a,n) 接受数组 a 和整数 n，并创建一个新数组。新数组中的每个元素是索引 n 所有允许值中元素的总和，其他索引固定不变。在上面的例子中，n=0 指定第一个轴，因此 b 包含 a 各列之和。设置 n=1 指定第二个轴，因此 c 包含 a 各行之和。当没有给出索引时，就像 d 一样，np.sum 会将数组中的所有元素相加。

Python 还有一个内置的求和函数 sum，但其工作方式不同。尝试使用不带 "np." 前缀的 sum 看看会发生什么，然后查看 help(sum) 和 help(np.sum) 来理解这两个函数的区别。

你可以通过实验和使用 help 命令来探索 np.prod、np.mean、np.std、np.min 和 np.max 等相关的实用函数。另外，每个数组对象还自带了这些函数的方法，从而对数组自身的数据进行计算。例如，上面的示例也可以写成：

```
a = np.vstack( (np.arange(20), np.arange(100, 120)) )
b = a.sum(0)
c = a.sum(1)
d = a.sum()
```

试解释以下代码是如何计算 10! 的：

```
ten_factorial = np.arange(1, 11).prod()
```

3.3　脚本

到目前为止，我们一直在使用 IPython 控制台执行许多有用的操作。然而，每次都在命令提示符下重复输入相同的代码行难免枯燥乏味，而且许多任务涉及的代码远比上述示例复杂。这样的代码往往需要经历多个版本才能正确无误，不断重复输入代码并产生新的错误会让人心力交瘁。你可能希望处理一下代码，休息一下，继续处理代码，然后关闭 Spyder，切换到另一台计算机，等等。你还可能希望将"纯净"的代码分享给其他人，其中不含调试过程中产生的各种拼写错误、步骤错误和中间输出。由于这些原因，大量的代码往往需要在脚本中进行编写。

所谓**脚本**无非是一个包含一系列 Python 命令的文本文件。脚本可以在文本编辑器中编辑，然后通过单个命令或鼠标单击来调用执行。

3.3.1 编辑器

脚本可以使用 Spyder 的编辑器创建和编辑。要使用编辑器，只需单击编辑器窗格或使用键盘快捷键 `<Cmd-Shift-E>`。如果编辑器尚未打开，按键盘快捷键即可打开。

要创建脚本，可从"文件"菜单中单击"新建文档"，或者单击左上角的空白页图标，或者使用键盘快捷键 `<Cmd-N>`，或者在 IPython 控制台输入 `%edit`[①]。

请根据前面给出的任何代码片段，编写一个脚本。在脚本中输入文本时，按 `<Return>` 只会将光标移动到下一行，不会执行任何命令，因为 Python 还不知道这是脚本。它只是计算机内存中的一个文本文件。

完成编辑后，执行文件的方法是单击 RUN▶ 按钮，或者在窗口顶部的"运行"菜单中选择"运行"，或者使用快捷键 `<F5>`。Python 会执行编辑器活动选项卡中的代码，并在 IPython 控制台显示输出。但是，在执行代码之前，Python 会保存代码，并在必要时提示你输入文件名。Python 代码文件名通常以扩展名 `.py` 结尾[②]。

运行脚本之前，在命令提示符下输入 `%reset`。

这样就可以确切知道脚本开始时 Python 处于什么状态。记住，`%reset` 将删除所有已导入的模块（见 1.2.1 小节）。因此，在每个脚本的顶部，可能需要包含以下代码行：

---

① 如果没有在编辑器窗口中单击一下，键盘快捷键可能无法工作。
② 在命名脚本时，不要使用 Python 保留字（例如 `for.py`），也不要使用可能用到的模块名称（例如 `numpy.py`）。

```
import numpy as np
import matplotlib.pyplot as plt
```

可以设置 Spyder，让这些代码行默认添加到每个新脚本中。具体见附录 A。

3.3.2 ⊤₂其他编辑器

如果使用其他文本编辑器，则可以在 Spyder 之外编辑和保存文件，然后在 Spyder 中运行。保存时，代码文件的扩展名是 .py，而不是 .txt。然后，可以在命令提示符下输入 %run，后跟当前目录中的文件名（带不带 .py 扩展名都可以）。你需要在脚本中导入模块和定义变量，不能依赖 IPython 控制台的模块和变量。

有关纯文本编辑器以及在命令行中使用 Python 的更多信息，请参阅附录 B。

3.3.3 调试第一步

如果在编辑器中输入代码时出现错误，Spyder 可以在你单击 RUN▶ 按钮之前捕获错误。带有潜在错误的代码行具有两种标记：内部带有感叹号的黄色三角形和内部带有 "X" 的红色圆圈。红色圆圈表示脚本肯定无法运行；黄色三角形表示脚本可能无法运行[①]。在编辑器中输入以下代码行，查看这两种错误类型：

```
import numpy as np
s = str(3
prnt(s)
sqrt(3)
```

Spyder 识别出第 2 行中的语法错误，并用红色圆圈标记出来。将鼠标光标移到红色圆圈上，可以获得简要说明。有时，提示的信息含义模糊，但是仅仅知道错误的大致位置已经非常有用。

修复第 2 行，将 3 的字符串表示赋给 s。现在，Spyder 发现了更多问题。

---

① ⊤₂ Spyder 的语法检查由 pyflakes 模块执行，该模块可以独立于 Spyder 运行。另一个常用的语法检查器是 pylint。

如果存在一个致命错误，Spyder 不会提示其他潜在的问题。因此，如果存在多个致命错误，Spyder 通常只识别第一个。

第 1 行旁边出现了黄色三角形，第 3 行和第 4 行旁边出现了红色圆圈。黄色三角形只是一个警告：导入了一个模块，但没有使用。红色圆圈表示更严重的错误。调试器在第 3 行中识别出了一个未定义的函数 prnt，在第 4 行中识别出了一个名为 sqrt 的函数。如果强行运行脚本，Spyder 将尝试执行代码。然而，当 Python 遇到 prnt 命令时，它发现没有定义这样的名称，因此会引发 NameError。也就是说，它会在 IPython 控制台打印一条运行时错误消息，并中止任何进一步的处理。

Python 错误消息可能很长。最后几行是最有用的。

最后几行错误消息将引用 Python 第一次注意到的错误所在行的行号，显示该行附近的部分脚本，并描述遇到的错误类型。脚本可能包含其他错误，但 Python 在遇到第一个错误时会退出。请修复错误，然后重试。

引发 NameError 最常见的原因是拼写错误。

变量名区分大小写，因此大小写不一致会造成拼写错误。例如，如果定义 myVelocity=1，然后尝试使用 myvelocity，则 Python 会将第二个实例视为一个全新的未定义变量。浏览变量管理器有助于发现此类错误。

引发 NameError 的另一个常见原因是使用了错误的模块名称或别名。

这是第 4 行脚本发生的错误。请尝试修复所有错误并运行脚本。

运行代码时，运行时错误会在 IPython 控制台生成消息。大多数错误会导致 Python 立即停止。然而，有一些错误是"非致命的"。例如，尝试以下代码：

```
for x in np.arange(-1, 8):
    print(x, np.log(x))
```

Python 没有找到任何语法错误，但 NumPy 在尝试计算前两个值时发现了问题。在本例中，虽然 NumPy 给出了结果值的名称（nan 表示"非数值"，而 -inf 表示"负无穷"），但它知道这些值可能会在以后引发问题，因此它触发了两条 RuntimeWarning 消息，并且解释了当前出现的问题 ①。

---

① 并非所有模块都是宽容的。尝试导入 math 模块并在循环中使用它的 log 函数。

还有一些情况完全不会产生任何消息——你只会得到令人困惑的结果。你将遇到许多类似情况，届时你需要调试代码。

很多书都在讨论调试的艺术。当代码生成的消息或输出难以理解时，就需要寻找线索。下面是一些思路。

➢ 仔细阅读代码。这往往是发现问题的最快途径。

➢ 构建代码要稳扎稳打。大多数脚本执行的是复杂任务，而复杂任务由一系列简单任务组成。确保每一步的执行结果都符合预期。如果每一步都正确无误，而代码仍不能正常工作，那么这是理论错误，而不是编程错误。

➢ 从简单的情况开始。我们之所以使用计算机，是因为有些问题无法手动解决，但也有一些情况可以手动解决。针对这种情况调整代码（可能只需要更改几个参数值），并将输出与你所知道的正确答案进行比较。

➢ 探查变量。代码运行结束后或以错误终止后，所有变量都会保留最新值。检查这些值，看看是否有什么问题。可以使用变量管理器或 print 语句。

➢ 插入诊断代码。如果怀疑某处有错误，可在其前面添加几行代码，使 Python 在执行代码时打印部分变量在当时的值。当再次运行程序时，你可以检查这些值是否符合预期。

➢ 编写代码时要具有前瞻性。确保在命令执行后，你认为应该为真的内容实际也为真。Python 为此提供了非常实用的工具：语句 assert。在代码中的任何位置，都可以插入以下形式的一行代码：

```
assert (condition), "Message string"
```

如果条件为 True，则 Python 将继续执行代码。但是，如果条件为 False，Python 将停止执行代码，触发断言错误 AssertionError，然后打印消息。例如，在上面的代码示例中，可以在 print 语句上方插入以下行：

```
assert (x > 0), "I do not know how to take the log of {}!".format(x)
```

当代码在运行过程中尝试对无效值计算对数时，不仅会停止执行，还会打印出导致问题的值。当然，你不可能预见所有可能的例外情况。但经过一些实践后，你会形成一定的直觉，知道哪些程序错误可能会出现。

➤ 向其他人或无生命的物体逐行大声解释代码。后一种实践通常称为小黄鸭调试法。专业程序员有时会强迫自己向小黄鸭或其他图腾解释有故障的代码，避免把其他开发人员牵扯进来。描述代码应该做什么，同时检查它实际做了什么，就能很快找到不一致之处。

➤ 向更有经验的朋友请教。这可能会让你觉得尴尬，因为几乎所有的编程错误一旦被发现就会显得编写者"很愚蠢"。但这并不像问你的老师那样尴尬。不管怎样，这两种方法都比无休止地撞上南墙要好。终有一日，你需要变得自力更生，但这绝非朝夕之功。

➤ 询问在线论坛。在人类文明的发展历程中，一个前所未有的惊人现象是出现了像 Stack Overflow 这样的网站。人们在那里提出方方面面的问题，而完全陌生的人免费提供帮助。虽然提问之后等待回答的过程可能相当漫长，但是某些问题可能已经有人提出，有人作答，并且存档在网站上，供你使用。

➤ 学习断点和交互式源代码调试器。这些工具超出了本书的讨论范围，但是也许有一天，你会因为代码变得足够复杂而需要它们。

关于调试，最重要的一点也许是，调试所花的时间总是超过预期的时间。因此，必然的推论是

> 不要等到项目的最后一天才开始调试。

有些问题，如果你意识不到需要花时间解决，是无法解决的。即使你向朋友、实验室合作伙伴或导师寻求帮助，也需要时间。尊重编程的博大精深，给自己留足时间。

3.3.4　最佳实践：添加注释

编写脚本的另一个好处是，你可以自由添加尽可能多的注释，既为读者，也为自己。

前面展示了二次方程求解的示例。现在来赋予一些物理意义。假设你正在策划一出恶作剧，需要知道当以特定的初始速度向上扔雪球时，雪球在空中停留了多长时间。你想起了初中的物理课，向上抛球的高度方程是

$$y(t) = y_0 + v_0 t - \frac{1}{2} g t^2$$

回忆起所有符号的含义后，你意识到需要计算当 $y(t)$=0 时 t 的值。整理方程后得到：

$$\frac{1}{2}gt^2 - v_0 t - y_0 = 0$$

这是我们已经解过的二次方程，但是现在参数都有了物理意义。

你可以使用以下代码来策划恶作剧（这里每 5 行展示一次行号，行号不是代码的一部分）：

```
# projectile.py
# Jesse M. Kinder -- 2021
"""
计算从指定高度投掷物体时
物体在空中的时间（假设重力加速度恒定）：
    0.5 * g * t**2 - v0 * t - y0 = 0
"""

import numpy as np

#%% 初始化变量
initial_speed = 0.0          # v0 = 小球的初始垂直速度 [m/s]
impact_time = 0.0            # t = 落地时间 [s]( 在循环中计算 )

#%% 初始化参数
g = 9.80665                  # 重力加速度 [m/s^2]
initial_height = 2.0         # y0 = 投掷小球的初始高度 [m]
speed_increment = 5.0        # 每次迭代的速度增量 [m/s]
cutoff_time = 10.0           # 当落地时间超过截断时间后停止计算

#%% 计算并显示落地时间。在每一步增加初始速度
# 重复执行直至落地时间超过截断时间
while impact_time < cutoff_time:
    # 使用二次方程求解运动方程的落地时间：
    impact_time = (np.sqrt(initial_speed**2 + 2 * g * initial_height) \
            + initial_speed) / g
    print("speed= {} m/s; time= {:.1f} s".format(initial_speed, impact_time))
    initial_speed += speed_increment
print("Calculation complete.")
```

语法 x+=1 是 x=x+1 的缩写，既简练，又精准。其他算术运算也可以使用类似的方式调用。例如，x*=2 表示使 x 的值加倍。

将此代码与 3.1.1 小节中编写的代码进行比较。此处的代码完成了类似的

任务，但由于使用了注释、空格和有意义的变量名，脚本的目的和功能更容易理解。

> 开头的几行代码注明了编写程序的作者、原因和时间。
> 接着是导入 NumPy。
> 第 11~19 行代码的作用是为参数和变量创建有意义的名称并赋值。（所谓"参数"仅指其值在整个代码执行过程中不会改变的变量。）注释描述了每个参数和变量的作用。
> 第 12~13 行和第 16~19 行的前半部分是代码，但井号（#）之后的内容是注释，用于解释赋值语句的含义。
> 第 21~22 行介绍了程序的主循环，并解释了退出循环的条件。

这个脚本当然比 3.1.1 小节中的裸代码长，但哪个更容易阅读呢？如果你想在一两个月后重新使用这段代码，你更愿意阅读哪一个？

> 每一个程序员最终都会明白，从长远来看，良好的注
> 释可以节省时间……只要注释及时反映了代码中的变化。

你很可能会忽略这个建议。直到几周后，你回到以前编写的脚本，无法理解其中的含义，不得不重新编写整个脚本。不过，我们至少提醒过你。

脚本使用了两种不同类型的注释：一种是使用三重引号（"""）将注释括起来，另一种是在注释前面使用井号（#）。井号是行内注释符。Python 将忽略一行中井号后面的所有内容。注释可以从行首开始，也可以从一行的中间开始。在代码的同一行中添加简短的注释，可以确保以后在更改代码时及时更新注释。

有些注释以井号开头，后跟两个百分号（#%%）。这些对 Python 来说没有什么特殊的意义，但它们可以将代码划分为不同的逻辑单元（称为**单元格**）。这种结构不仅让代码在屏幕上具有较好的显示效果（请尝试），还允许你在 Spyder 中单独运行单元格。要查看其工作方式，请单击单元格中的任何位置，然后单击 RUN CELL 按钮（位于 RUN▶ 按钮右侧）或使用快捷键 <Ctrl-Return>。另外，还可以尝试 RUN CELL AND ADVANCE（位于 RUN CELL 按钮右侧），其快捷键为 <Shift-Return>。使用注释将代码分解为不同的单元格也是一种有效的调试方式。

三重引号提供了创建跨多行字符串的方便方法。三重引号还可以用于创建特殊类型的注释，称为文档字符串。当字符串放在文件开头或函数声明之

后，并用三重引号括起来时，这样的字符串就变成了文档字符串[1]。在文件中的任何其他地方，用三重引号括起来的字符串仍视为普通字符串。

Python 会根据文档字符串提供各种模块和函数的信息。例如，函数中的文档字符串可以告诉用户函数需要哪些参数，函数的返回值是什么，等等。虽然上面的脚本并不是一个非常有用的模块，但你可以导入它，并用 help 函数查看你编写的文档字符串。在命令提示符下输入 import projectile（文件名不带 .py 扩展名），然后输入 help(projectile)。你应该看到三重引号之间的文本。

关于注释的最后一个说明：当调试代码时，你可能希望尝试进行一些临时性的更改，但同时保留将代码恢复到先前版本的选择。一种方法是直接保留原来的代码行，但"将它们注释掉"，这样 Python 便能无视这些代码。如果后来又需要这些代码，只需"取消注释"即可。Spyder 和大多数其他编辑器一样，提供了一个菜单项来对选定的文本区域添加注释或取消注释。你也可以直接使用快捷键 <Cmd-1>[2]。

上面的示例脚本还展示了如何正确使用缩进和其他形式的空白（空格、制表符和空行）。

- ➢ 正确缩进是 Python 的基本要求。另外，正确缩进还使代码更易于阅读和理解。哪些代码行属于 while 循环，哪些不属于，都显得清清楚楚，没有任何歧义。
- ➢ Python 会忽略空行，但是通过空行将代码划分为不同的逻辑单元，可以使代码更易于阅读和解释。

3.3.5 最佳实践：给参数命名

为什么我们在上面的代码中使用变量名 initial_height 而不是 y0？为什么我们要大费周章给固定参数命名？我们本可以"硬编码"一切，用数值 9.8066、2.0 和 5.0 相应地替换 g、initial_height 和 speed_increment。这里至少有 4 个原因。

（1）我们所做的是将代码的功能与输入分离。经过这种分离，就可以轻松调整代码用于其他目的。你可以改变固定参数的值来进行相同的计

---

① 6.1 节将讨论用户自定义函数。
② 你还可以使用版本控制系统（如附录 B 中描述的 Git）克隆代码、尝试各种选项，并将最佳选项合并回主版本。

算，也可以将代码中的主循环嵌入另一个程序的循环（多次计算 initial_height 的值），或者在函数中使用主循环（函数接收参数值作为输入）。保持参数的符号化是有积极作用的。

（2）变量和常量使用有意义的名称，可以使代码更易于阅读和理解。如果只使用简短、没有信息量的变量名，如 x1、x2 和 x3，在没有注释的情况下，你还能理解程序的目的吗？你可能还记得在物理或数学课上做笔记时，一时忘记了某个符号所代表的量。虽然在黑板或笔记本上可以快速写下 y_0，但是时间久了，意思就会变得不知所云，而变量 initial_height 则不存在歧义。

（3）给参数命名还可以让你对参数值进行区分，即使参数值相等。如果有两个具有不同物理意义的参数，但它们的值都是 5.0，该怎么办？如果给变量和参数提供不同的、有意义的名称，你就不会被这些巧合弄糊涂了。

（4）使用命名参数对于控制计算的规模非常有用。假设现在有这样一种情况：你需要设置 10 个数组，每个数组有 500 万个元素，并对这些数组集合执行 1000 次计算。这样的代码可能需要很长时间才能执行完。每次修复一个小错误或添加一个功能并执行代码时，都会浪费大量时间在等待上。为了控制计算的规模，最好在脚本的开头设置一些参数，如元素个数 num_elements 和最大迭代次数 max_iterations。可以在开发阶段选择较小的值，等快要到最终版本时再根据需要切换到较大的值。另外，这样做还可以确保计算中的每个数组都具有相同数量的元素。

以上这些要点反映了编程实践的一大原则：

> 不要重复。一次定义，经常重用。

换言之，如果一个参数出现两次，就要指定一个名称，并一次赋值。这一思想有时也表述为"不要重复自己"（Don't Repeat Yourself，DRY）原则。如果不落实这一原则，那么当你要更改一个值时，就必然要查找所有的值并更改。如果不小心漏掉了一处，就会引起问题，而这很难被发现。更糟糕的是，你可能会在无意中修改其他内容。

后面在 6.1 节中讨论函数时，我们将看到 DRY 原则不仅适用于参数值，而且适用于代码本身。

3.3.6 最佳实践：单位

大多数物理量带有单位，例如 3 cm。Python 对单位没有概念，Python 中的所有值都是纯数字。假设现在有一个问题需要编程，其中涉及量纲为长度的量 L，你可能需要使用变量 length 来表示，值等于 L 除以某个单位。只要单位处处保持一致，这没什么问题。

如果在代码的开头添加一个注释块，为自己和他人声明要使用的变量和单位，就可以简化事情，减轻自己的负担。

```
# 变量:
#---------------------------------------------
# length          =微管长度     [um]
# velocity        =电动机速度    [um/s]
# rate_constant   =速率常数     [1/s]
...
```

（为方便输入，代码中使用符号 um 替代长度单位 μm。）在编写代码的过程中，你可以重新查阅这些注释，确保前后一致。这种一丝不苟的整洁习惯有一天会让你省去很多烦恼。

稍后当你开始使用数据文件时，就需要从文件创建人那里获知表示量的单位。理想情况下，这些单位在数据文件附带的文本文件（可能称为 README.txt）或数据文件的开头行中有详细说明。（当你创建自己的数据文件时，也应该以这种方式记录相关信息。）

3.4 或然行为：分支

前面探讨了自动执行重复计算的几种方法。for 循环和 while 循环是其中的两种方法，它们使用 Python 语言的控制结构来重复执行代码块。根据前面的介绍，while 循环可以根据中间计算结果决定是否再次执行代码块，因此可以动态地修改其行为。每种编程语言，包括 Python，都有一种更通用的机制来指定或然行为（称为**分支**）。尝试在编辑器中输入以下代码并运行（每 5 行展示一次行号）[①]：

---

① 在 Python 2 中，input 会尝试将它的参数作为 Python 表达式进行求值。要运行这个脚本，Python 2 的用户应该将 input 替换为 raw_input，或者将 input 重新定义为 raw_input，见附录 E。

```
# branching.py
""" 本脚本用于演示分支 """

import numpy as np
5
maxTrials = 5

for trial in range(1,maxTrials+1):
    userInput = input('Pick a number: ')
10    number = float(userInput)
    if number < 0:
        print('The square root is not real.')
    else:
        print('The square root of {} is {:.4f}.'.format(number,np.sqrt(number)))
15    userAgain = input('Try another [y/n]? ')
    if userAgain != 'y':
        break

#%% 检查循环是否正常退出
20 if trial >= maxTrials:
    print('Sorry, only {} per customer.'.format(maxTrials))
elif userAgain == 'n':
    print('Bye!')
else:
25    print('Sorry, I did not understand that.')
```

3.4.1 if 语句

上面的代码说明了以下 7 个要点。

➢ input 函数会在 IPython 控制台显示提示符，等待你输入后面的内容和 <Return>。函数的返回值是输入的字符串。在本例中，我们将该字符串赋值给名为 userInput 的变量，然后将其转换为浮点数，供程序后面使用。

➢ 第 11 行包含一个 if 语句。关键字 if 后跟逻辑（布尔）表达式和冒号。Python 会计算这个表达式。如果结果为 True，Python 将执行接下来的缩进代码块（在本例中为一行）。如果结果为 False，Python 将跳过该代码块。

➢ 第一个 if 语句的条件块后跟关键字 else 和冒号。如果 if 语句中的条件为 True，则 Python 跳过第 13 行 else 语句后面的缩进块（缩进代码块的简称)。如果条件为 False,则 Python 执行 else 语句后面的缩进块。

> input 函数再次出现在第 15 行。这一次,函数返回的字符串就是我们想要的,因此不需要转换。

> 第 16 行中的符号 "!=" 表示不等于。可以使用关键字 not 对布尔值求反,因此可以写成 if not(userAgain=='y')。

> 有时,循环应在满足 for 或 while 语句中的条件之前提前终止。在第 17 行,关键字 break 的作用是指示 Python 退出 for 循环的缩进块并从第 18 行开始继续执行,无论循环是否完成。

> 从第 20 行开始是一个三路分支,其行为取决于循环如何终止。这是使用 elif 语句(else if 的缩写)来实现的。elif 语句可以有任意多个。Python 将从开始的 if 语句一直下拉到各个 elif 语句,直至找到计算结果为 True 的语句,或者到达 else 语句。无论在何种情况下,都将只执行第 21、23、25 行中的一行。

分支结构以 if 语句开始,可能后接一系列 elif 语句,最后以 else 语句结束。只有 if 语句是必需的。

每个 if、elif 和 else 语句后面都跟着一个缩进的代码块。在这些代码块中,最多只有一个会被执行。如果需要在 if 和 elif 语句的条件都不满足时做些事情,则可以添加 else 语句。

上面列出的代码使用关系运算符 <、== 和 != 来生成布尔值(True 或 False)。其他运算符 >、<= 和 >= 也返回布尔值。此外,还可以使用布尔运算符 and、or 和 not 来生成更复杂的条件。

T_2 数组的条件语句

有时,你可能希望在条件语句中使用数组。但是,if、elif 和 else 语句要求条件的值为单个布尔值:True 或 False。在这种情况下,可以使用 np.any 和 np.all 这两个 NumPy 函数。

假设现在有一个数字数组 x,你想计算这些数字的对数。正如前面看到的,即使 x 包含零或负值,np.log(x) 也不会引发任何异常,而是返回一个包含 nan 和 inf 元素的数组,这可能会破坏后续的计算。我们可以使用 if 语句来检测。这有两种方式。我们可以检查是否有任何值为非正数:

```
if np.any(x<=0):
```

```
    print("This array is dangerous for logarithms.")
else:
    print("This array is safe for logarithms.")
```

也可以检查是否所有值均为正数：

```
if np.all(x>0):
    print("This array is safe for logarithms.")
else:
    print("This array is dangerous for logarithms.")
```

每个数组都有 any 和 all 方法。然而，在 Python 中，0 以外的任何数字都将判断为 True。因此，x.any() 等价于 np.any(x!=0)，而非 np.any(x<=0)。

3.4.2 浮点数的相等性测试

涉及浮点数的数值比较可能很棘手。你不太可能通过 a==b 询问 Python 两个浮点数物理量是否完全相等。（热运动、量子涨落和混沌等物理效应可以保证这一情况永远不会发生。）不过，考虑以下循环：

```
m, k = 0.0, 0.3
while m != k:
    print(m)
    m = m + 0.1
```

这段代码看似正常无害，但循环永远不会终止！经过 3 次迭代后，m 在计算机中的内部表示与 k 相差无几，但又并非一模一样[1]。由于 m 始终不完全等于 k，Python 将继续执行打印操作，无穷无尽。

解决这个特殊循环的方法是使用不等语句"while m<=k:"。在判断两个变量是否相等时，如果你认为它们是整数，而实际上其中一个或两个都被转换成了浮点数，就可能会遇到同样的问题。

> 永远不要使用 == 或 != 来比较浮点数。要么比较整数，要么使用不等语句。

如果确实需要比较两个浮点数，则可能应该比较二者的差值是否在合理

---

① [T2] 1/10 的二进制表示是无限循环的：0.000 110 011 001 1…，因此不能用任何有限的位数精确表示，Python 仅使用 64 位。因此，由于舍入误差，0.0+0.1+0.1+0.1 的值不会与浮点数 0.3 完全相同。

的公差范围内 "if abs(a-b) < 1e-6:"。另外，NumPy 还提供了一个方便的函数来判断两个浮点数是否 "合理吻合"。你甚至还可以定义合理的程度，详见 help(np.isclose)。

T₂关于真假

Python 对 True 的定义非常宽泛。任何非零数值在转换为 bool 类型时都判断为 True，任何非空列表、字符串、元组或数组也是如此。以下表达式的判断结果为 False：False、None、[]、()、{}、0、0.0、0j、""、''。其他几乎都为 True。

3.5 嵌套

在许多情况下，我们可能希望在 for 循环中嵌入 for 循环，或者在 while 循环中嵌入 for 循环，或者创建其他组合。例如，在处理概率时，我们有时希望创建一个数组 A，其中 A[m,n] 的值取决于索引 m 和 n，其中 m 和 n 可能是两种不同类型的随机事件（概率分别为 p 和 q）在实验中发生的次数。我们可以使用以下代码实现（每 5 行展示一次行号）：

```
# nesting.py
rows = 3
columns = 4
p = 0.1
q = 0.3
A = np.zeros( (rows, columns) )
for m in range(rows):

    for n in range(columns):
        A[m, n] = p**m * q**n
```

请注意以下事项：

➢ 在循环之前，代码使用 np.zeros 创建一个数组。NumPy 无法动态构建数组。它在计算机内存中开辟一个连续区域来存储数组，因此需要提前知道这个区域的大小 ①。所以我们首先创建一个具有正确形状的数组，然后根据需要进行赋值。

---

① 你可以稍后根据需要调整数组的大小，但这通常是缺乏规划的表现。如果需要大小可变的数据结构，则可以使用 Python 列表。

➤ 使用 Python 的 range 函数遍历 m 和 n 的值。range 函数与 np.arange 类似，只不过它创建的不是数组，而是对象，可在需要的时候生成值[①]。

> 在创建数组时使用 np.arange。在 for 循环中使用 range。

➤ 第 9 行位于两个 for 循环内部，因此执行 3 × 4 = 12 次。循环内部的循环称为**嵌套循环**。注意，if 语句和 while 循环也可以嵌套。

➤ 第 9 行必须在内层循环中执行，因此缩进两次。

➤ 见名知意的变量名和 Python 的强制缩进使得注释在此段代码中几乎是多余的。读者可能只想知道为什么要计算 $A_{m+1,\,n+1} = p^m \cdot q^n$，而不是其他函数。

---

① [T2] Python 3 中的 range 函数相当于 Python 2 中的 xrange 函数。在 Python 2 中，range 实际上创建的是一个整数列表。它可以用于 for 循环，但 xrange 通常更好，尤其是对于大型循环。Python 3 中没有名称为 xrange 的函数。

64 | 第 3 章 结构与控制

第**4**章
数据输入、结果输出

未来的计算机也许只有 1.5 吨重。

——《大众机械》杂志，1949 年

大多数数据集由仪器自动生成，规模庞大，无法手工录入。因此，你需要了解如何将这样的数据集引入 Python 的计算会话中（导入）。另外，你可能还希望将自己的工作成果保存到文件中（导出），这样就不必重复执行复杂的计算。Python 为读写文件提供了简单且高效的工具。

同时，大多数结果非常复杂，如果只以数字表的形式呈现，往往难以理解。因此，你需要了解如何以人类（包括你）能够理解的图形形式呈现结果。PyPlot 模块为数据集可视化提供了大量资源[①]。

在本章中，你将学习以下内容：

➢ 加载文件数据；

➢ 将数据保存到文件；

➢ 根据数据集绘制图形。

---

① ⓣ₂ 本章中描述的所有操作以及更多其他操作都可以通过 pandas 模块完成（见第 10 章）。

4.1　导入数据

许多科学工作涉及实验数据或数据集的收集。为了处理数据集，Python 必须先导入数据集。许多数据集都以纯文本文件的方式提供，包括以下格式。

- ➤ 逗号分隔值（.csv）文件：文件中的每一行表示数组的一行，行中的各个条目用逗号分隔。

- ➤ 制表符分隔值（.tsv）文件：每行表示数组中的一行，行中的各个条目用制表符、空格或两者的组合分隔。空白不必一致。Python 将各个条目之间的任意空白视为单个分隔符。

逗号或空白分隔的数据文件也可以使用 .txt 和 .dat 文件扩展名。Python 内置了对读取和写入此类文件的支持，而 NumPy 也提供了将数组数据加载和保存到文件的工具。

SciPy 库提供了一个名称为 scipy.io 的模块，它允许你读取和写入各种格式的数据，包括 MATLAB 文件、IDL 文件和 .wav 格式的声音文件。见 Numpy and Scipy Documentation 网站。

4.1.1　获取数据

在导入数据集之前，必须先获得感兴趣的文件，并将其放置在 Python 可以找到的位置。最好将项目的所有相关文件（数据、脚本、支持信息和生成的报告）保存在一个文件夹（也称为**目录**）中。

通过在首选项菜单[①]中设置**当前工作目录**，告诉 Spyder 使用特定文件夹。从左侧选项中选择**当前工作目录**。在右侧选择"the following directory:"。然后选择一个文件夹[②]，单击 APPLY 按钮，然后单击 OK 按钮。关闭 Spyder 并重新启动。现在，每次启动 Spyder 时，它都会在此文件夹中启动。这也是默认情况下 Spyder 尝试加载和保存所有数据文件的地方。IPython 命令 %run myfile.py 也将在该文件夹中查找。

在 Spyder 中的会话期间，可以切换到不同的工作目录。为避繁就简，建议在单个文件夹中工作。

---

① 访问首选项菜单的一种方法是单击扳手图标（见图 1.1）。
② 建议使用通用名称，如 scratch 或 curr。完成项目后，你可以将文件存档到其他文件夹中，并创建新的临时文件夹。

设置好工作目录后，可以将数据文件放入其中。

在本书的配套资源中，你将找到一个压缩文件，里面包含数据集集合[①]。按照说明将压缩文件保存到计算机。如果不指定其他目的地，通常会保存到 Downloads 文件夹中。双击文件解压。这将在当前文件夹中创建一个名为 PMLSdata 的新文件夹。你将找到本书中描述的所有数据集，以及更多数据集。将 PMLSdata 移动到永久位置。如果将 PMLSdata 存放在工作目录中，则可以在 Spyder 中轻松访问它。

你不必局限于此处描述的数据集。总有一天，你将使用其他来源的数据。你可以使用实验室仪器生成的数据，也可以使用公共存储库或同事提供的数据。另外，科学出版物含有图形形式的定量数据，这是数据集的另一个来源。图形是数字集合的可视化表示，可以通过特殊应用程序转换回数字。将图形转换为数字的应用程序举例如下：

> Engauge Digitizer；
> Plot Digitizer；
> DataThief；
> GetData。

4.1.2　将数据引入 Python

获得数据集后，找到名为 01HIVseries 的文件夹。此文件夹包含一个名为 HIVseries.csv 的文件。另外，文件夹中还有一个名为 README.txt 的文件，用于描述数据集的信息。将这两个文件复制到你的工作目录中。

数组

现在可以启动 Python 并加载数据集了。首先，通过在 IPython 命令行中输入 %edit HIVseries.csv 使用编辑器查看数据。另外，也可以使用 "File" > "Open" 菜单选项或单击编辑器窗口并使用 <Cmd-O> 在编辑器中打开文件，但你需要将文件类型设置为 "所有文件"，而不仅仅是 Python 文件。你应该会看到 16 行数据，每行包含两个用逗号分隔的数字。打开信息文件 README.txt 可以了解这些数字的含义。

要将数据加载到 NumPy 数组中，可以使用 np.loadtxt 命令。此命令尝试读取文本文件并将数据转换为数组。默认情况下，NumPy 假设数据条

---

① 熟悉 Git 的读者也可以从 GitHub 上的存储库中获取这些文件。见附录 B。

目由空格或制表符分隔。要加载 .csv 文件，必须指示 np.loadtxt 使用逗号作为分隔符。查看帮助文件（尝试输入 np.loadtxt?）后可知，增加 *delimiter* 键值参数可以实现这一点。键值参数是可选参数，传入函数后可以修改函数的行为（见 1.4.4 小节）[1]。

因此，要加载数据，使用以下命令：

```
data_set = np.loadtxt("HIVseries.csv", delimiter=',')
```

请注意该命令是如何使用的：

（1）函数返回一个数组。我们将此数组赋给变量名 data_set。

（2）我们以字符串的形式将文件名提供给 np.loadtxt[2]。

（3）我们以字符串的形式指定分隔符，在本例中为 ','。

Python 将在当前工作目录中查找该文件。在 Spyder 中，你可以在屏幕右上角的文本框中看到工作目录。你还可以使用 IPython 的魔法命令 %pwd 在屏幕上显示当前工作目录的名称。如果文件加载失败，可能是文件位于错误的文件夹中，或者 Spyder 在错误的文件夹中查找。如果 Spyder 没有在其默认工作目录中，你可能需要重新启动 Spyder 并重试。如果文件位于错误位置，请将其移动到工作目录，然后再次尝试加载。

除了移动文件，还可以指定文件的完整**路径**。例如，在 Mac 上，如果 PMLSdata 文件夹仍位于 Downloads 文件夹中，则可以这样编写代码[3]：

```
data_file = "/Users/username/Downloads/PMLSdata/01HIVseries/HIVseries.
csv"
data_set = np.loadtxt(data_file, delimiter=',')
```

在 Windows 中，路径名具有不同的格式：

```
data_file = r"c:\windows\Downloads\PMLSdata\01HIVseries\HIVseries.csv"
```

注意使用原始字符串来处理反斜杠（见 2.3.1 小节）。

如果当前工作目录之外有多个文件需要处理，那么指定完整路径可能会导致大量输入。此外，你也可能会在将来的某个时候将数据移动到其他文件

---

① 〔T2〕默认情况下，np.loadtxt 将忽略文件中任何以 # 开头的行。可以通过更改键值参数 *comments* 和 *skiprows* 的默认值来调整要丢弃的标题行。

② 〔T2〕你还可以提供一个 Python 文件对象，例如由 Python 的 open 命令或 urllib.request 模块中的 urlopen 命令（用于获取远程托管数据）创建的对象。

③ 在相应位置替换自己的用户名。如果不知道文件的完整路径，请在 Finder 或文件资源管理器中找到该文件，并将其拖到 IPython 控制台中。然后，可以将文件的路径复制并粘贴到脚本中。

夹中。由于这些原因，在脚本中"一次定义，经常重用"就很方便。例如，在脚本顶部使用以下两个命令，可以轻松地从同一个文件夹中加载多个数据文件：

```
home_dir ="/Users/username/"
data_dir = home_dir + "Downloads/PMLSdata/01HIVseries/"
data_set = np.loadtxt(data_dir + "HIVseries.csv", delimiter=',')
```

如果后来你换到其他计算机上工作（需要更改 home_dir），或在自己的计算机上移动数据（需要更改 data_dir），则只需要修改一两行代码即可使代码再次运行。

成功导入数据后，查看数组。数组有两列。你可以在变量管理器中或使用 IPython 控制台查看数组的大小和元素。这些数字的含义没有说明。为此，你需要查阅 README.txt。（注意，当创建自己的数据集时，也要添加文档和说明注释。）

[T2] 其他类型的文本

有时，需要加载的数据文件可能没有采用常用的分隔符进行分隔。处理此类文件的一种方法是逐行处理文件。下面代码生成的数组和 np.loadtxt 相同，但可以适应很多奇怪的格式（每 5 行展示一次行号）：

```
# import_text.py
my_file = open("HIVseries.csv")
temp_data = []
for line in my_file:
5       print(line)
        x, y = line.split(',')
        temp_data += [ (float(x), float(y)) ]
my_file.close()
data_set = np.array(temp_data)
```

第 2 行创建一个可以读取数据文件的对象 [①]。第 3 行创建一个空列表来存储数据。（之所以使用列表而不是数组，是因为不知道文件包含多少行。）for 循环使用方便的 Python 结构来处理文件，一次一行。line 是一个字符串，包含了文件的当前行。在每次迭代时，line 会得到更新。在循环的内部，Python 会显示当前正在处理的行，然后使用字符串方法 line.

---

① Python 3 中没有 file 对象类型，但 open('temp.txt') 返回的对象类似于 Python 2 的 file 对象。

split(',') 将行分隔为多个字符串，分隔时使用逗号作为分隔符。接着，Python 将各个字符串转换为数字，并将新的有序数据对存储在数据点列表的末尾。循环在到达文件结尾时终止。退出循环后，第 8~9 行代码将分别关闭文件，并将数据点列表转换为二维 NumPy 数组。

如果要从其他类型的文本文件中提取数据，可以修改 for 循环中处理数据文件的代码块。

T2 从网络直接导入

与其将数据集保存到计算机上再读取文件，不如将这些步骤结合起来，在知道文件链接的情况下直接从网络上读取文件（请将双引号中的内容替换为实际链接）：

```
from urllib.request import urlopen
web_file = urlopen( "https://.../HIVseries.csv")
data_set = np.loadtxt(web_file, delimiter=',')
```

调用 urlopen 后，Python 可以使用 np.loadtxt（或使用任何其他处理文本文件的方法）读取 web_file 中的数据，就像数据集位于本地文件中一样[1]。

T2 MATLAB 数据文件

可以使用 scipy.io 模块导入和导出 MATLAB 格式的数据。loadmat 函数可将 .m 文件加载到 Python 字典中，字典的键是变量名，值是相关的矩阵。相应地，savemat 函数可将 Python 字典的变量名和相关数组写入 .m 文件（有关字典的介绍见 10.1.1 小节）。

需要特别注意：scipy.io 不支持 MATLAB7.3 引入的 HDF5 文件格式。如果尝试使用 loadmat 导入此类型的文件，将出现错误。如果有 MATLAB 可以使用，那么最简单的解决方案是，先将文件保存为 scipy.io 支持的格式。在 MATLAB 中，输入 save('data.mat', '-v7')。然后，你就可以使用 loadmat 将 data.mat 加载到 Python 中了。

如果没有 MATLAB 可以使用，则可以尝试使用 mat73 包（见 GitHub 网站）。mat73 包不属于 Anaconda 发行版。因此，需要先在命令行中使用 conda 安装 Python 包管理器 pip：conda install pip。然后在命令行中使用 pip 安装 mat73：pip install mat73。mat73 模块提供了一个 loadmat 函数，其接

---

① T2 在 Python 2 中，相关命令是 from urllib import urlopen。

口和行为与 scipy.io.loadmat 类似，但可以接受新的 MATLAB 文件格式。如果需要保存为 MATLAB 格式，则使用 scipy.io 中的 savemat 函数。

4.2 导出数据

当使用计算机工作时，一定要保存工作成果。在 IPython 控制台中工作时，更要如此。

> 屏幕上的数据转瞬即逝。保存在文件中的数据则可以长期存在。

经过几个小时的工作，最终完成了数字处理和图形绘制，那就太棒了！但是，当你退出 Spyder 的那一刻，所有的工作都将消失，除非将结果保存到文件中的数据和代码才会持续到当前会话之后[①]。

4.2.1 脚本

使用脚本是保存工作的好方法（见 3.3 节）。在解决问题的过程中不断在脚本中添加新的行，将得到一个工作记录和一个程序。有了程序，就能重建系统的状态，直到脚本的最后一行。利用脚本可以构建和填充数组、加载数据、执行复杂的分析、绘制图形等。（如果之前一直在使用 IPython 命令行，则可以在 Spyder 的"历史日志"中复制和粘贴命令，进而将交互式会话转换为可重用的脚本。）

每次运行脚本时，Spyder 会先保存脚本。但是，除非在"首选项"中修改了当前工作目录，否则默认文件夹可能并不符合你的要求。可以使用"File" > "Save As..."来指定目的地。一定要知道脚本保存的位置（见 4.1.1 小节和附录 A）。

你还可以将全部或部分脚本存储在其他文件中。脚本是纯文本文件，因此可以轻松地将代码复制并粘贴到文字处理软件、家庭作业、个人代码日志或电子邮件中。

4.2.2 数据文件

Python 不会自动保存其状态或会话期间创建的任何变量的值。因此，编

[①] 可以使用 IPython 的历史记录来重建之前的工作。见 3.1.4 小节。

写脚本的重要性在于：脚本可以从头开始重建状态。但是，对于大型数据集和复杂的分析，重新运行脚本可能需要很长时间。一旦生成了所需的数据，就可以将其保存到文件中，并在下次使用数据时加载该文件。

由 Python 读取的数据

为将存储在数组中的数据保存到文件中，NumPy 提供了 3 个方便的函数。

- ➢ np.save：将单个数组保存为单个 NumPy 存档文件（不适合人类阅读），扩展名为 .npy。
- ➢ np.savez：将多个数组保存为单个 NumPy 存档文件，扩展名为 .npz。
- ➢ np.savetxt：将单个数组保存为文本文件（适合人类阅读），扩展名可自己选择。

例如，下面的代码将两个数组存储在 5 个不同的文件中：

```
# save_load.py
x = np.linspace(0, 1, 1001)
y = 3*np.sin(x)**3 - np.sin(x)

np.save('x_values', x)
np.save('y_values', y)
np.savetxt('x_values.dat', x)
np.savetxt('y_values.dat', y)
np.savez('xy_values', x_vals=x, y_vals=y)
```

浏览当前工作目录中创建的结果文件。由 np.save 和 np.savez 创建的文件扩展名分别为 .npy 和 .npz，而由 np.savetxt 创建的文件扩展名为 .dat，其值由制表符分隔。要生成逗号分隔的值，必须使用 *delimiter* 键值参数。

你可以在文本编辑器中打开和查看这些文件。关闭 .npy 或 .npz 文件时，不要保存任何更改，否则会损坏数据。如果要将结果展示给其他人，或者在 Python 之外使用结果，请使用 np.savetxt。正如你将看到的，.npy 和 .npz 文件不适合人类阅读。

要在任何时间点（当前会话或将来）恢复保存的数据，请使用 np.load 或 np.loadtxt，具体取决于文件类型：

```
x2 = np.load('x_values.npy')
```

```
y2 = np.loadtxt('y_values.dat')
w = np.load('xy_values.npz')
```

现在，变量 x2 和 y2 都是数组，它们的数据与 x 和 y 相同。而在第三
个示例中，w 根本不是数组；不过，我们的数据却存储在其中[①]。如果输入
w.files，Python 将返回一个列表，其中包含两个元素，分别是字符串 'x_
vals' 和 'y_vals'。在之前对 np.savez 的奇怪调用中，我们提供的键
值参数正是这些名称。可以使用这些键来访问 w 的数据。下面的命令表明数
据已被忠实地保存和加载：

```
x2 == x
y2 == y
w['x_vals'] == x
w['y_vals'] == y
```

从这些示例中可以看到，np.savez 提供了一种在单个文件中保存多个
数组的方便方法[②]。在提供键值参数时，数组的名称一定要见名知意。否则，
NumPy 将使用语意不明的名称：arr_0、arr_1……

由人类读取的数据

并不是所有生成的数据都会存放在数组中。即使使用数组数据，有时也
需要将信息写入文本文件，与 np.savetxt 提供的默认选项相比，你可能希
望对文件格式有更多控制。（文件可能会由同事阅读，也可能会被 Python 以
外的其他应用程序读取。）

回顾 3.3.4 小节。控制台中显示了雪球落地的时间，当会话结束时，此信
息如果不写入文件，就会丢失。对于少量信息，可以直接从 IPython 控制台
（或历史日志）中复制并粘贴到文本编辑器或文字处理器。

对于大型数据集，你可能希望将数据写入文件，不将其显示在屏幕上。
Python 的内置函数 open 允许你直接写入文件。为了说明该方法，我们来显
示 2 和 3 的 10 以内的正整数幂，并将这些数据存储起来，供以后使用。下面
的脚本可以完成这两项任务：

```
# print_write.py
my_file = open('power.txt', 'w')
print( " N \t\t2**N\t\t3**N")                    # 打印各列的标签
```

---

① [T2] 这是一个特殊对象，其内容可以像 Python 字典一样访问。见 10.1.1 小节。
② 若要减小文件大小，请改用 np.savez_compressed。

```
print( "---\t\t----\t\t----")                         #打印分隔符
my_file.write( " N \t\t2**N\t\t3**N\n")                #将标签写入文件
my_file.write( "---\t\t----\t\t----\n")                #将分隔符写入文件
#%% 对 0~10 的整数进行循环，并打印 / 写入结果
for N in range(11):
    print( "{:d}\t\t{:d}\t\t{:d}".format(N, pow(2,N), pow(3,N)) )
    my_file.write( "{:d}\t\t{:d}\t\t{:d}\n".format(N, pow(2,N), pow(3,N)) )
my_file.close()
```

将屏幕上显示的输出与 `power.txt` 的内容进行比较。

> 将文本写入文件类似于打印到显示器。

不同之处在于：

➢ 在写入文件之前，必须先打开文件：`my_file=open('file.txt',
  'w')`。`'w'` 选项表示文件以写方式打开。这将覆盖任何同名的现有
  文件，而不会发出任何警告或确认请求。

➢ 必须明确告诉 Python 要在哪里开始和结束一行。无论在哪里输
  入 `'\\n'`，Python 都会插入一个新行。类似地，无论在哪里输
  入 `'\\t'`，Python 都会插入一个制表符。

➢ 写入完成之后，应使用命令 `my_file.close()` 关闭文件。

Python 是读取、写入和操作文本文件的强大工具，但我们不会进一步探
讨这些功能。使用上面的基本命令，结合 2.3 节中的字符串格式化方法，你
已经可以完成很多工作。

文件应该起什么名字？虽然 Python 可以接受输入的任何有效字符串，但
操作系统可能没有这么灵活。最好将文件名限制为字母、数字、下画线（_）、
连字符（–）和句点。

4.3 数据可视化

有了数据，我们就可以开始绘图了。Python 没有内置的绘图函数。我们
讨论的几乎所有绘图工具都来自 PyPlot 模块，PyPlot 隶属于更大的 Matplotlib
模块。要访问这些函数，必须导入 PyPlot 模块：

```
import matplotlib.pyplot as plt
```

4.3.1　plot命令及其相关函数

如果向 PyPlot 提供一组 (*x*, *y*) 坐标对，它将创建一个普通的二维图形。坐标点需要有适当的间距。尝试以下代码：

```
# simple_plot.py
import numpy as np, matplotlib.pyplot as plt
num_points = 5
x_min, x_max = 0, 4
x_values = np.linspace(x_min, x_max, num_points)
y_values = x_values**2
plt.plot(x_values, y_values)
# plt.show()
```

在 Python 环境中，最后一行可能是必需的。如果没有打开图形窗口，请尝试取消最后一行的注释，或者在 IPython 命令提示符下输入 plt.show()。

如果经常使用 IPython 命令行绘图，可以使用命令 plt.ion() 开启交互式绘图功能。这将在每次执行绘图命令时更新图形，但对于复杂的图形，速度可能很慢。可以通过调用 plt.ioff() 关闭交互式绘图功能。

图形窗口可能会自动出现，但仍然很难找到。尝试隐藏其他应用程序并移动 Spyder 窗口。你的绘图可能隐藏在 Spyder 的后面。另外，换一个不同的图形后端也可能解决问题（见 A.2.2 小节）[1]。

上面给出的代码是一个基本的绘图脚本。注意执行时发生了什么。

➢ 出现一个新窗口。如果没有，请参阅 A.2 节。这是当前图窗。如果没有其他图窗打开，Python 将其命名为 "Figure 1"。

➢ 在当前图窗中，PyPlot 绘制坐标轴并为其添加标签。这就是当前坐标区。

➢ PyPlot 自动绘制了 *xOy* 平面的一个区域，其中包含你提供的所有点。

➢ plot 函数每次取出第一个参数中的一个元素和第二个参数中的对应元素，将它们组合成 (*x*, *y*) 坐标对，并通过实线将这些点连接起来。这个图是锯齿状的，但你可以通过给 num_points 指定更大的值来修复这一问题。

➢ 对于某些后端，图形窗口会一直保持 "活动" 状态，直到关闭。也就是说，你可以在 IPython 提示符下执行附加命令来修改图窗。而使用

---

[1]　在本书附带的博客中，我们介绍了一种使用 Qt 后端将图形窗口提升到前台的方法（见普林斯顿大学出版社网站）。

其他后端，要想输入更多命令，则必须关闭图窗。有关如何修改后端的说明，请参阅 A.2.2 小节。

➢ 更改 y_values 中的数据不会自动更新绘图。要查看这些更改，必须再次执行 plot 命令，或者使用 4.3.4 小节中描述的 set_data 方法。

➢ 可以使用常规方式手动关闭图形窗口（单击图形窗口角上的红点或"X"），也可以在 IPython 命令提示符下使用命令 plt.close() 关闭窗口。使用命令 plt.close('all') 可以关闭所有打开的图形窗口。

提供给 plt.plot 的两个数组必须具有完全相同的长度。这似乎是显而易见的，但令人惊讶的是，人们往往会在一个数组上多加一个元素。如果不确定 a=np.arange(0,26,0.13) 可以产生多少个元素，只需花几秒钟在 IPython 控制台提示符下输入 len(a)，即可找出答案（函数 len 是Python 的内置函数，用于计算数据结构中元素的数量）。另外，还可以使用np.shape(a) 查询数组的形状，或者直接请求数据字段 a.shape。

> 不要忘记检查数组的长度。

Python 的 assert 命令可以提供有用的判断（3.3.3 小节）。对于上面的示例，可以在 plot 命令之前插入以下语句：

```
assert len(x_values) == len(y_values), \
    "Length-mismatch: {:d} versus {:d}".format(len(x_values), len(y_values))
plt.plot(x_values, y_values)
```

在绘图时，如果两个列表长度不同，PyPlot 会发出错误消息，但使用assert 语句可以提供更多信息。要查看二者的差异，请重写脚本。在定义y_values 后修改 x_values 的长度，并分别使用和不使用 assert 语句运行脚本。

遵循"一次定义，经常重用"的原则，可以避免许多长度不匹配的错误。例如，如果每个数组的长度都由单个参数 num_points 确定，则它们将具有相同的长度。

绘图选项

图形的每个可视化参数都可以从默认值更改。这些参数可以在创建绘图时指定。大多数参数还可以在后面更改。如果不是只想查看数据的粗略绘图，并且看完即舍弃，则应该通过编写脚本来生成图形。否则，为了改变图形中的标签或曲线的颜色，需要重新输入很多命令。下面是一些常用的调整方法。

首次绘制曲线时，可通过添加可选参数来改变曲线的颜色。plt.plot(x_values,y_values,'r')可生成一条红色实线。线条和标记符还包括以下样式：

> 'b'（蓝色）、'k'（黑色）、'g'（绿色）等。

> ':'（用点线连接数据点）、'--'（虚线）、'-'（实线）等。记住，在灰度打印结果中，红色、蓝色和其他颜色看起来类似。点线和虚线则更容易区分 [①]。

> '.'（每个数据点上的小点）、'o'（大点）等。要设置空心圆，使用 'o'，*markerfacecolor*='none'。要设置标记符大小，使用 *markersize* 键值参数。

可在一定程度上组合使用不同的选项，例如，plt.plot(x_values,y_values,'r--o')可以绘制一条红色虚线，每个点上都有红色圆圈。**Python** 的默认设置是绘制一条没有标记符的实线。如果指定了标记符的样式，但没有指定线条的样式，则不会绘制任何线条。

如果要在同一坐标区中绘制多个线条或多个点，可以使用 *alpha* 键值参数调整透明度：*alpha*=0.0 表示完全透明，*alpha*=1.0 表示完全不透明。

即使在创建绘图之后，也可以修改 **Python** 对绘图区域的选择。使用命令 plt.xlim(1,6) 可将水平区域调整为 $1 \leqslant x \leqslant 6$，垂直区域不变。类似地，plt.ylim 的作用是调整垂直区域。另外，这两个函数还可以接受键值参数 [②]，或列表、元组或数组（其中包含要在坐标轴上显示的最低值和最高值）：plt.xlim(*xmax*=6, *xmin*=1)、plt.xlim([1,6])、plt.xlim((1,6))。

命令 plt.axis('tight') 可以高效执行 xlim 和 ylim 命令，使坐标轴刚好匹配数据的范围，避免占用额外空间。[注意拼写：plt.axis（带有"i"）的作用是修改当前坐标轴；plt.axes（带有"e"）的作用是创建新坐标区。]

PyPlot 确定图窗高度和宽度后，会按不同比例缩放 x 轴和 y 轴，以使所有内容都适合图窗。你可能不喜欢由独立缩放 x 轴和 y 轴引起的图形失真。命令 plt.axis('equal') 会强制每个坐标轴使用相同的缩放，也就是说，相等的坐标间隔在每个轴上对应的距离相等。如果没有这个选项，圆可能看

---

① 请记住，有些人是色盲。

② 键值参数在 1.4.4 小节中已经介绍，6.1.3 小节会有进一步讨论。

起来像椭圆。命令 plt.axis('square') 不仅具有同样的功能，而且还调整了坐标范围，使图形实际上是正方形的。

plt.plot 的文档非常有帮助，可在命令提示符下输入 help(plt.plot) 或 plt.plot? 来阅读。文档描述了可用的标记符和线条样式，描述了其他可调参数，并提供了几个示例。

上面提到的一些命令说明了常见的主题：可以通过将字符串参数传递给 plt.plot 来设置绘图属性。在参数列表中，有些参数必须出现在特定位置，如 'r'。或者，数据字段也可以通过键值参数来修改，如 *linestyle*='r--' 或其缩写形式 *ls*='r--'。

如果不想将各个绘图点用一条线连接起来，可以调用另一个函数 plt.scatter，而不是使用上面列出的选项。与 plt.plot 相比，plt.scatter 可以对各个标记符的大小、样式和颜色提供更多控制。

4.3.2 对数坐标轴

如果要将垂直轴设置为对数刻度，可以使用 plt.semilogy 代替 plt.plot。你也可以在创建绘图后调用 plt.semilogy()。如果要将水平轴设置为对数刻度，可以使用 plt.semilogx。如果要绘制双对数坐标图，可以使用 plt.loglog。在后两种情况下，可能需要创建对数刻度上均匀间隔的数组来计算函数。有关创建此类数组的函数，请参阅 help(np.logspace)。

习题 4A

> a. 在 $2 \leqslant x \leqslant 7$ 范围内绘制函数 $\exp(x)$ 和 $x^{3.6}$ 的图形。两条曲线应该看起来很相似。
>
> b. 现在，绘制这两个函数的对数坐标图。两条曲线在此图中有何区别？
>
> c. 最后，绘制这两个函数的双对数坐标图。两条曲线在此图中有何区别？

线性坐标图、对数坐标图和双对数坐标图可用于区分数据集中的不同关系。

4.3.3 操作和修饰

花在改进图形上的时间是没有限制的。这里我们介绍几个更实用的调整。你可以使用喜欢的搜索引擎查找许多其他的调整。请记住：当你关闭一个图形时，图形就消失了。但是，如果通过编写脚本来构建图形并添加所有的修饰，就可以很容易在以后重新构建图形。

下面的命令乍看之下可能很奇怪，但是当你在实践中使用它们并记录在编程日志中时，你会变得熟悉并习以为常（见 1.2.4 小节）。

你可以将绘图视为屏幕上的图像，但在 Python 中，绘图是一个对象，具有许多相关属性：存储绘图信息和属性的数据字段，以及修改这些数据的方法。要调整现有图形的属性，首先将绘图对象赋给一个变量：

```
# graph_modifications.py
ax = plt.gca()
```

在该命令中，plt.gca()（获取当前坐标区）返回一个对象，该对象控制当前图窗中绘图的许多属性。它称为 Axes 对象，包括你看到的轴、刻度线、标签以及曲线和符号等绘图数据。Axes 对象相当复杂，拥有 450 多个属性和方法！然而，只使用其中的一部分，就可以完成很多工作。这些命令分为两大类：获取对象的数据和设置要调整的属性值。操作的命名比较直观，如 ax.get_xticks() 和 ax.set_xlabel()。其中许多操作也可以通过PyPlot 模块自身的函数完成。

下面是一些有用的操作[①]。

标题　可以使用 ax.set_title("My first plot") 添加标题。如果不喜欢默认字体，可以使用键值参数进行更改：

```
ax.set_title("My first plot", size=24, weight='bold')
```

也可以使用：

```
plt.title("My first plot", size=24, weight='bold')
```

坐标轴标签　你可以且应该使用以下命令设置：

```
ax.set_xlabel("speed")
ax.set_ylabel("kinetic energy")
```

或

```
plt.xlabel("speed")
plt.ylabel("kinetic energy")
```

---

① 　以下命令是在 Qt5Agg 后端测试的。在某些图形后端，它们可能无法正常运行。

更胜一筹的做法是，你可以而且也应该包含单位：ax.set_xlabel("speed [um/s]")。同样，"um" 是微米的非正式缩写。另一个比较方便的写法是 μm，但这样的显示效果为 μm（见 2.3 节）。如果报告的是无量纲量，如相对于时间零点的浓度，为了方便读者，请注明 "c/c(0) [unitless]" 或 "concentration [a.u.]"。

刻度标签　你可以更改每个轴上标记刻度的数字的字体和大小，方法是先创建绘图，然后给出以下命令：

```
ax.set_xticklabels(ax.get_xticks(), family='monospace', fontsize=10)
ax.set_yticklabels(ax.get_yticks(), family='monospace', fontsize=10)
```

线型　可以在执行初始绘图命令后更改线条的属性。首先，需要访问 Python 用于绘制线条的对象，然后使用 PyPlot 的 plt.setp 命令设置线条的属性：

```
lines = ax.get_lines() # lines 是线条对象的列表
# 将第一个线条设置为红色粗体虚线
plt.setp(lines[0], linestyle='--', linewidth=3, color='r')
```

图例　可以为每个线条添加一个**图例**（描述性文本标签）。可以通过两种方式实现：在创建每个线条时使用 label 键值参数指定标签，或者使用线条对象的 set_label 方法：

```
# 在绘图时使用 "label" 键值参数设置标签
plt.plot(x_values, y_values, label="Population 1")
plt.plot(x_values, x_values**3, label="Population 2")
plt.legend()    # 在绘图中显示图例
# 在绘图后使用线条对象设置标签
ax = plt.gca()
lines = ax.get_lines()
lines[0].set_label("Infected Population")
lines[1].set_label("Cured Population")
ax.legend()                      # 在绘图中显示图例
```

在调用 ax.legend() 或 plt.legend() 之前，绘图中不会显示任何图例。

文本框　尝试以下代码。

```
plt.text(2, 3, "y = {:.3f} x + {:.3f}".format(slope, intercept))
```

前两个参数构成数据坐标，表示位置。第三个参数是要在该位置显示的字符串（需要提供斜率和截距值）。

这些示例表明，你可以在绘图中添加许多有用的信息，使绘图具有视觉吸引力。你还可以看到，这涉及大量的输入。一旦绘图达到了想要的样子，或者一旦绘图的某个方面达到了想要的样子，就可以把使用过的命令复制到脚本中。在这个过程结束时，你将得到一个文件，可以在任何运行 Python 的计算机上随时生成同样精彩的图形。

习题 4B

> 以 4.3.1 小节开头的代码为基础，编写一个脚本来生成一个带有平滑粗红线的图形。为坐标轴、标题和图例添加标签。文字要足够大，便于阅读。

4.3.4　替换曲线

有时，你并不需要新建图窗——你可能只想重新绘制修改后的数据。通过调用 PyPlot 的清除坐标区命令 `plt.cla()` 可以删除当前图窗中的所有数据和格式，然后再次调用 `plt.plot`。但是，这将删除所有格式。

若要在不清除所有格式的情况下替换曲线，可以更新绘图中单个线条对象的数据：

```
plt.plot(x, 3*x)              #绘制两个线条
plt.plot(x, x**3)
plt.xlabel('Time [s]')        #添加坐标轴的标签
plt.ylabel('Position [cm]')
ax = plt.gca()                #将当前坐标区对象 Axes 赋给变量
lines = ax.get_lines()        #将线条对象列表赋给变量
lines[1].set_data(x, x**2)    #替换第二个线条的绘图数据
```

其中一条曲线的形状发生了改变，但绘图的所有其他属性将保持不变。

4.3.5　[T2]再论图窗及其坐标区

PyPlot 使用不同层次的对象来创建绘图。对于我们来说，其中最重要的是对象是 Figure（图窗）对象和 Axes（坐标区）对象。

调用 `plt.figure()` 可以创建并返回一个 Figure 对象。另外，该函数通常还会在屏幕上打开一个图形窗口。Figure 对象不能绘制函数的图形，它只是容纳和管理图形的所有元素。要实际绘制一个图形，我们需要使用第二类对象：Axes 对象。

Axes 对象总是与 Figure 对象相关联。通常，我们通过调用 PyPlot 的

plt.plot 函数来创建 Axes 对象。如果当前图窗中不存在 Axes 对象，则 plt.plot 函数会将 Axes 对象添加到当前图窗中，使用 Axes 对象绘制数据的图像，并返回添加到绘图中的线条对象的列表。Axes 对象拥有绘制图形所需的所有数据和方法。其中许多方法可以用于创建和管理更多的对象。可以通过 Axes 父对象访问这些附属对象，例如线条（属于 Line2D 对象）、坐标轴标签（属于 **Python** 字符串）、刻度线（属于 **NumPy** 数组）等对象。其中许多附属对象为了执行函数功能又管理着自己的必要对象。你可以将这些对象中的任何一个赋给一个变量，并通过该变量控制其行为，如 4.3.4 小节所示。这通常比通过 Axes 父对象访问属性更方便。

对这个主题的全面讨论远远超出了本书的范围。幸运的是，**PyPlot** 提供了方便的工具来管理这些不同层次的对象，而不需要你对细节有太多的了解。像 plt.plot、plt.xlim 和 plt.legend 这样的命令都是方便的函数，它们使用当前 Figure 和 Axes 对象的方法来执行绘制图形时的常见操作。

使用 **PyPlot** 可以做很多事情，但是为了最大限度地控制绘图，可能需要深入了解 Matplotlib 的 Figure 和 Axes 对象的细节。探索 plt.gcf()（获取当前图形）和 plt.gca() 返回的对象是一个很好的开始。

4.3.6 　T₂误差棒

若要制作带有误差棒的图形，请使用下面的代码行：

```
plt.errorbar(x_values, y_values, yerr=y_errors, xerr=x_errors, fmt='or')
```

这个函数不会将误差棒添加到现有绘图中；相反，它会创建一个带有误差棒的新绘图，或者在现有绘图中创建一个线条。误差棒函数的语法类似于 plt.plot，但它还接受额外的可选参数。n 的附近将增加误差棒，即在点的上方和下方延伸坐标距离 y_errors[n]，在点的左侧和右侧延伸坐标距离 x_errors[n]。两个误差参数是可选的。如果只提供一个，则在另一个方向上不会出现误差棒。如果两个都不提供，plt.errorbar 的效果类似于 plt.plot。若要指定误差棒的标记符，必须使用键值参数 fmt。本例中指定的是红色圆。

4.3.7 　三维图形

有时，图形由三维空间中的点或曲线组成。要绘制三维图形，我们必须从 Matplotlib 模块中导入一个额外的工具。另外，我们还必须以不同的方式与 PyPlot 交互。下面的脚本将绘制一条螺旋线：

```
# line3d.py
from mpl_toolkits.mplot3d import Axes3D    # 导入 3D 绘图工具
fig = plt.figure()                         # 创建新图窗
ax = Axes3D(fig)                           # 创建 3D 绘图器，并附加到图窗
t = np.linspace(0, 5*np.pi, 501)           # 定义参数化图形的参数
ax.plot(np.cos(t), np.sin(t), t)           # 绘制 3D 图形
```

注意，这次我们使用的是附加到特定对象的 plot 方法。我们创建了 Axes3D 对象，现在可以使用它的方法生成三维图形。方法 ax.plot 接受 3 个数组，它们的对应元素被解释为要绘制的每个点的 x、y 和 z 坐标。由 Axes3D(fig) 生成的对象还可以创建曲面图、三维等高线图、三维直方图等。

我们的屏幕是二维的。如果你执意要求计算机绘制三维图形，那么实际上只能得到一个二维投影，即摄像机从某个外部**视点**看到的图形。切换不同的视点有助于看清图形的整体情况。点击并拖动绘图可以更改视点。（这取决于你使用的图形后端。请参阅 A.2 节。）如果不行，可以在绘图之前，在 IPython 命令提示符下或在脚本中执行命令 ax.view_init(*elev*=30, *azim*=30) 来更改视点（如果命令前面使用了 plt.draw()，则该命令在绘图后仍然有效）。指定视点时，使用角度而不是弧度来给出仰角和方位角。

现在，通过使用 ax.set_zlabel('text') 等，可以设置绘图的坐标轴标签。

4.3.8　多个绘图

同一个坐标区，多个绘图

在前面的示例中，你可能已经注意到，如果图窗已经打开，则每次使用 plt.plot 命令时，会在现有图窗中添加新的曲线。

> 默认情况下，新的绘图将添加到活动图窗的当前坐标区。

另外，你还可以只用一个 plot 命令在同一个坐标区创建多条曲线。尝试以下代码：

```
x = np.linspace(0, 1, 51)
y1 = np.exp(x)
y2 = x**2
plt.plot(x, y1, x, y2)
```

上述示例表明，你可以给 plot 提供多组（x, y）坐标对。Python 会为每条曲线选择不同的颜色。当然，你也可以手动指定颜色：

```
plt.plot(x, y1, 'r', x, y2, 'ko')
```

在同一个坐标区内绘制多条曲线的第三种方法是给 plt.plot 提供常规的 x 值向量和二维的 y 值数组。每一条曲线使用 y 的一列和共同的 x 值进行绘制。如果想要查看一个函数在多个参数值下的曲线，这种方法就非常实用。

尝试以下代码：

```
num_curves = 3
x = np.linspace(0, 1, 51)
y = np.zeros( (x.size, num_curves) )
for n in range(num_curves):
    y[:, n] = np.sin((n+1) * x * 2 * np.pi)
plt.plot(x, y)
```

习题 4C

> 添加图例，说明哪条曲线是哪条曲线，然后使用 4.3.3 小节的方法来美化绘图。

多个绘图窗口

如果要打开两个或多个单独的绘图，请使用 plt.figure() 创建新图窗并将其激活（"当前"图窗），然后使用 plt.plot 在新图窗中生成第二个绘图。

如果不提供参数，plt.figure() 将从 1（不是 0）开始，选择一个尚未使用的新数字。当然，你也可以指定一个自己选择的名称。例如，plt.figure('Joe') 将创建一个名为"Joe"的图窗[①]。下一个 plt.plot 命令将在当前图窗中绘制其输出，这对其他图窗没有影响。

注意，"Joe"只是图窗的标签，而不是分配给 Figure 对象的变量名。

---

① 如果"Joe"图窗已经存在，则 plt.figure('Joe') 将该图窗设置为当前图窗。无论如何，plt.gcf() 将返回当前 Figure 对象，plt.gca() 将返回当前图窗的当前 Axes 对象。因此，即使有多个图窗打开，仍然可以使用 plt.figure('Joe') 选择"Joe"图窗，然后使用 plt.gcf() 和 plt.gca() 调整绘图。

变量可以这样创建：joe = plt.figure('Joe')。

在一个会话中，如果要生成多个绘图，你很可能会每次都使用plt.figure()创建新的图窗。然而，这些图窗可能会占用相当多的计算资源，而且在十几个图窗中找到想要的图形并不是那么容易。因此，图窗用完后，可以关闭它。你可以使用plt.close()关闭当前图窗，也可以使用标签关闭图窗：plt.close('Joe')。

使用plt.close('all')可以关闭**所有**打开的图窗。

为了确保所有的图窗都是由当前运行所产生的，可以在脚本顶部添加此命令。

4.3.9 子图

为了方便比较，你可能希望在单个图形窗口中并排放置多个绘图。用Python的话来说，你希望在同一个图窗中显示多个坐标区。函数plt.subplot(M,N,p)将当前图窗划分为M行N列的网格，并将编号为p的单元格置为活动单元格。这里，p必须是1~M*N的整数（这是Python不从0开始计数的另一种情况）。现在发出的任何绘图命令都将影响编号为p的单元格。尝试以下示例：

```
# subplot.py
from numpy.random import random
t = np.linspace(0, 1, 101)
plt.figure()
plt.subplot(2, 2, 1); plt.hist(random(20))                      # 左上
plt.subplot(2, 2, 2); plt.plot(t, t**2, t, t**3 - t)            # 右上
plt.subplot(2, 2, 3); plt.plot(random(20), random(20), 'r*')    # 左下
plt.subplot(2, 2, 4); plt.plot(t*np.cos(10*t), t*np.sin(10*t))  # 右下
plt.suptitle("Data and Functions")                              # 整体
```

每个plt.subplot命令会选择图窗的一个子区域。随后的plt.plot命令会设置坐标轴并在当前子图区域中绘图。如果子图溢出图窗或相互重叠，则可以调整图窗的大小或尝试执行命令plt.tight_layout()。

对于某个特定的图窗，一定要确保所有的plt.subplot命令都使用相同的M值和N值。如果更改其中任何一个，所有现有的子图都将被删除。有关放置子图和插图的更多选项，请参阅help(plt.axes)。最后的plt.suptitle命令会为整个图窗添加居中标题。如果需要，可以使用plt.title为各个子图添加标题。

PyPlot 还提供了另一种创建和处理子图的方法（名称相似但行为不同）：`plt.subplots`。该命令可以创建一个新的图窗，在图窗中布置子图，并返回 Figure 对象和 Axes 对象数组。因此，该命令必须在创建图窗时调用，而不是在 `plt.figure()` 之后调用。下面代码生成的图窗与上一个示例相同：

```
# subplots.py
from numpy.random import random
t = np.linspace(0, 1, 101)
fig, ax = plt.subplots(2,2)
ax[0,0].hist(random(20))                        #左上
ax[0,1].plot(t, t**2, t, t**3 - t)              #右上
ax[1,0].plot(random(20), random(20), 'r*')      #左下
ax[1,1].plot(t*np.cos(10*t), t*np.sin(10*t))    #右下
fig.suptitle("Data and Functions")              #整体
```

请注意这一示例与上一示例的区别。首先，我们在创建图窗时只使用了 `plt`。我们将函数返回的对象解包并赋给变量 `fig` 和 `ax`，然后使用它们的方法来完成其余的绘图。其次，`ax` 是 Axes 对象的数组。访问各个子图，就像访问任何 NumPy 数组的元素一样 [1]。这意味着我们不必像前面的示例那样使用特殊命令在子图之间切换。

使用 `plt.subplot` 或 `plt.subplots` 都可以创建同样的图窗。Matplotlib 的官方文档鼓励使用"面向对象"的 `plt.subplots` 方法，而不是"基于状态"的 `plt.subplot` 方法。到底选择哪种方法在很大程度上取决于个人偏好，但不要把两者混在一起，否则你可能会遇到匪夷所思的现象。

4.3.10 保存图形

Spyder 会话结束时，所有的图窗都将消失。如果使用脚本创建和调整绘图，则可以在以后重建图窗。尽管如此，你可能仍然希望在其他应用程序中使用这些绘图或将这些绘图打印出来。为此目的，需要将绘图保存到图形文件中。图形窗口有一个**保存**图标，点击后可以打开一个对话框，你可以使用多种格式保存当前图形。默认为 .png，但大多数 Python 发行版也允许你将图形保存为 .pdf、.jpg、.eps 或 .tif 格式。要获得完整的格式列表，请

---

[1] 如果调用 `plt.subplots` 时不带参数，或者使用它创建只有一个子图的图窗，则它返回的不是一个带有单个元素的坐标区数组。它只是简单地返回 Figure 和单个 Axes 对象。

咨询图窗对象：

```
fig = plt.gcf()        #获取当前图窗对象
fig.canvas.get_supported_filetypes()
```

你只需要给图形提供一个名称，并赋予正确的扩展名，PyPlot 就会根据你的要求创建相应类型的图形文件。

另外，你还可以在 IPython 命令提示符下或脚本中使用命令 plt.savefig 保存图形。例如，若要将当前图形保存为 .pdf 文件，请输入：

```
plt.savefig("greatest_figure_ever.pdf")
```

绘图将被保存到当前工作目录。（你也可以给出完整路径，强制 Python保存到其他目录，如 4.1.2 小节所述。）

4.3.11 ［T2］在其他应用程序中使用图形

如果将图形保存为 .eps、.pdf 或 .svg 文件，则可以在矢量图形应用程序（如免费软件 Inkscape、Xfig，或其他付费软件）中打开和修改。标题或坐标轴标签等文本可能会被转换为"轮廓"，这在其他应用程序中很难编辑。如果遇到这个问题，可以指示 Python 将文本以"活字"（type）的形式保存在 .svg 文件中。在保存图形之前，修改字体在 .svg 图形中的保存方式：

```
import matplotlib
matplotlib.rcParams['svg.fonttype'] = 'none'
```

然后，将图形保存为 .svg 文件。

有些应用程序可能仍然无法加载这些 .svg 文件。另一种提供"活字"的方法是使用以下命令：

```
import matplotlib
matplotlib.rcParams['pdf.fonttype'] = 42
```

然后，将图形保存为 .pdf 文件，并在另一个应用程序中进行编辑。有关 matplotlib.rcParams 的详细信息，请参阅 Matplotlib 网站上题为"Customizing matplotlib"的有关说明。

如果要在演示文稿中使用图形，则可能需要将图像保存为光栅格式（也称为**位图**），如 .gif、.png、.jpg 或 .tif。不过，对于出版物来说，矢量图形通常是更好的选择。

第**5**章
第一次上机实验

下面的练习将沿用第 4 章中的许多思路。我们的目标是:

➢ 培养基本的绘图技能;

➢ 学会导入数据集;

➢ 进行模型与数据的简单拟合。

5.1　HIV 示例

现在,我们来探索**病毒载量**(HIV 患者服用抗逆转录病毒药物后血液中的病毒数量)模型。根据某病毒载量模型的预测,治疗开始后,t 时刻血液中 HIV 的浓度 $V(t)$ 为:

$$V(t) = A \exp(-\alpha t) + B \exp(-\beta t) \tag{5.1}$$

4 个参数 A、α、B 和 β 是控制模型行为的常数。A 和 B 用于指定初始病毒载量,α 是新细胞被感染的速率,β 是病毒在血液中被清除的速率。

在本次实验中,你将运用目前所学的 Python 知识,首先根据模型生成绘图,然后导入实验数据并绘图,最后将实验数据与模型参数进行拟合。

5.1.1 探索模型

在开始之前，首先启动 Spyder，导入 NumPy 和 PyPlot，然后在 IPython 命令提示符下输入以下代码：

```
time = np.linspace(0, 1, 11)
time
```

在每行之后按 <Return>。这时，你会看到一个由 11 个数字组成的列表。现在修改这些命令，创建一个由 101 个数字组成的数组，范围为 0~10，并将其赋给变量 time。

接下来，根据式 (5.1) 中给出的病毒载量模型使用上述数组来计算复合表达式的值。

第一步是将数学方程式中的常量替换成容易输入的名称，例如使用 $alpha$ 和 beta，而不是 α 和 β。对于变量，即使名称容易输入，明智的做法仍然是给出更长、更能见名知意的名称，例如使用 time，而不是 t，使用 viral_load，而不是 $V(t)$。现在，设 $B=0$，并为 A、α 和 β 选择一些有趣的值。然后，使用以下命令计算 $V(t)$：

```
viral_load = A * np.exp(-alpha*time) + B * np.exp(-beta*time)
```

现在，你应该有两个长度相同的数组：time 和 viral_load。请用这两个数组绘制图形：

```
plt.plot(time, viral_load)
```

请更改模型中 4 个参数的值，创建更多的图形。

5.1.2 拟合实验数据

现在来看一些实验数据。

按照 4.1 节的说明获取数据集 01HIVseries。将文件 README.txt、HIVseries.csv、HIVseries.npy 和 HIVseries.npz 复制到工作目录，或者使用路径定位这些文件。HIVseries 文件包含时间序列数据。要了解详细信息，请阅读 README.txt 文件。

将数据集导入 Python。方法是将 HIVseries.csv 读入数组，或者加载 HIVseries.npy 或 HIVseries.npz（请记住，函数 np.load 和 np.loadtxt 能返回所请求的数据，但是数据必须赋给一个变量，以便稍后访问）。数据可以随意命名，但这里我们命名为 hiv_data。

如果使用 np.loadtxt 导入 HIVseries.csv 或使用 np.load 导入
HIVseries.npy，数据将包含在单个数组中。你可以在变量管理器中找到
创建的变量。数组有两列数据。第一列是 HIV 阳性患者接受治疗以来的天数；
第二列是患者血液中病毒的浓度，以任意单位表示。

如果使用 np.load 导入 HIVseries.npz，数据将包含在对象中，无
法在变量管理器中显示（见 4.2.2 小节）。即便如此，你仍然可以检查其内
容。输入 hiv_data.files，可查看其中存储的数组的名称。有两个键，
称为 'time_in_days' 和 'viral_load'。可以使用名称来查询相应的
数组。另外，你还可以将这些数组中的数据赋给自己选择的变量名，例如，
concentration = hiv_data['viral_load']。

接下来，我们要对数据进行可视化。为了将病毒载量的时间函数绘制出
来，需要将数据分成两个数组传递给 plt.plot。现在分割数组并绘制数
据点。不要使用线段连接数据点，而是只使用小圆圈或加号标记符标记每个
点。在绘图的坐标轴上添加标签。同时添加描述性的标题。关于图形修饰方
面的内容已在 4.3.1 小节中讨论。

作业

> 将实验数据点和式 (5.1) 中的函数绘制在同一坐标区
> 中。调整模型的 4 个参数，直到可以在绘图中同时看到数
> 据和模型。

你很可能知道，某些黑盒软件包可以自动进行这种"曲线拟合"。但在本
次实验中，你应该手动操作，看看曲线如何随参数的变化而变化。

现在的目标是调整式 (5.1) 的 4 个参数，直到模型与数据一致。在四维的
大海中捞到正确的针是很难的！我们不能只靠猜测，而是需要一种更系统的
方法。考虑以下情况：假设 $\beta > \alpha$，试探解在长时间内的表现如何？如果数据
也是这样表现的，我们是否可以使用长时间的行为来确定 4 个未知常数中的
两个，然后保持它们不变，同时调整另外两个？

即使是两个常量，手动调整也很麻烦，因此我们需要进一步思考：初始
值如何随 4 个常量参数的变化而变化？选择的这些常量能否始终给出正确的
长期行为和初始值？

作业

　　继续上述分析，直到只剩下一个自由参数，这样就可以轻松调整。调整此参数，直到满意为止。

　　HIV 的潜伏期约为 10 年，即 3600 天。根据你的结果，T 细胞感染率的倒数 $1/\alpha$ 与潜伏期相比如何？潜伏期长是因为 HIV 感染新细胞需要很长时间吗？模型是否暗示了其他情况？

5.2　细菌示例

　　现在我们把注意力转向细菌的基因开关。1957 年，A. Novick 和 M. Weiner 在引入四甲基脲这一诱导分子后，研究了大肠杆菌中一种名为 β 半乳糖苷酶的蛋白质的产生。

5.2.1　探索模型

　　以下是 Novick–Weiner 实验分析中出现的两个函数族：

$$V(t)=1-e^{-t/\tau} \text{ 和 } W(t)=A\left(e^{-t/\tau}-1+\frac{t}{\tau}\right) \tag{5.2}$$

参数 τ 和 A 是常数。

作业

　　a. 选择 $A=1$、$\tau=1$，并在 $0 < t < 2$ 范围内绘制 $W(t)$ 的图形。

　　b. 使用不同的 τ 和 A 值创建若干数组 W1、W2、W3 等，并将它们绘制在同一坐标区上。

　　c. 更改线条的颜色和样式（如实线、虚线等）。

　　d. 添加图例，帮助读者区分不同的曲线。探索图形的其他选项。

5.2.2 拟合实验数据

按照 4.1 节的说明获取数据集 15novick。将 g149novickA.csv、g149novickA.npy、g149novickB.csv、g149novickB.npy 和 README.txt 复制到工作目录中，或者使用路径定位这些文件。这些文件包含培养皿中细菌种群的时间序列数据。

作业

> 将实验数据点和 $V(t)$ 的试探函数（见式 (5.2)）绘制在同一坐标区中，就像之前绘制 $W(t)$ 一样。

再次提醒，请勿使用自动曲线拟合系统。相比于盲目接受黑盒输出的结果，"提示"中建议的方法将使你对数学有更深入的理解。

绘制实验数据时，不要使用线段连接数据点。请使用小圆或加号等标记符来标记每个点。在绘图的坐标轴上添加标签。为模型参数 τ 选择一些合理的值，看看能否得到一条与数据拟合良好的曲线。为曲线添加标签，然后添加图例，对不同的曲线进行区分。为了更好地估计 τ，可绘制 1.0 - data 与时间的半对数图，其中 data 是实验数据点的数组。（你能解释为什么这么做是有用的吗？更多信息请参阅 4.3.2 小节。）

作业

> 现在使用 g149novickB.csv 或 g149novickB.npy 中的数据进行同样的尝试。这一次，丢弃时间值大于 10 小时的所有数据，并尝试将剩余数据拟合到式 (5.2) 中的 $W(t)$ 函数族中。

提示：可以通过切片数组来"丢弃数据"。当值较大（但小于 10 小时）时，数据和函数 $W(t)$ 都变成了直线。用两个未知量 A 和 τ 求出由式 (5.2) 确定的直线的斜率和截距 y。接下来，估计由数据确定的直线的斜率和截距 y。由此，找出 A 和 τ 的一些初始猜测值。然后，调整这些值，获得更好的拟合。

第6章
随机数生成和数值方法

在最高层次上，数值分析是科学、艺术和酒吧争吵的混合。
——托马斯·威廉·科纳，《数数的乐趣》

前面的章节已经介绍了导入、创建和建模数据集以及可视化结果的基本技术。本章将介绍探索数学模型及其预测的其他技术：

- 随机数和蒙特卡罗模拟；
- 单变量非线性方程求解；
- 线性方程组求解；
- 函数的数值积分；
- 常微分方程的数值解法。

此外，本章还介绍了一些新的数据可视化方法，包括直方图、曲面图、等高线图、向量场图和流线图。

我们先从编写函数开始——编写函数是探索物理模型的宝贵工具。

6.1　编写函数

3.3.5 小节介绍了一项原则：不要重复。一次定义，经常重用。

以参数（常量）为例，这项原则意味着你应该在代码的开头一次性定义好参数的值，并在接下来的程序中通过名称来引用参数。但是，如果我们希望多次执行相同（或相似）的任务，代码本身可能包含重复。和参数值一样，你可能会在后面意识到需要在代码中更改某些内容。更改重复出现的每一个代码片段可能是乏味的，而且容易出错。最好先定义一个函数，然后在需要时调用它。你甚至可以在多个脚本中使用相同的代码片段。假如每个脚本都导入同样的外部定义函数，那么在函数文件中所做的更改将应用于所有脚本。

Python 中的函数几乎无所不能。Python 拥有完整的函数库，可以执行数学运算、绘制图形、读写文件等。你也可以编写自己的函数来完成这些任务。函数非常适合一次性编写代码并重复使用。

6.1.1　在 Python 中定义函数

函数可以在命令提示符下定义，也可以在文件中定义。下面的示例是在 Python 中创建函数的基本模板（每 5 行展示一次行号）：

```
# 摘自 measurements.py
def taxicab(pointA, pointB):
    """
    用于计算 A 点和 B 点之间距离的出租车度量
5       pointA = (x1, y1)
        pointB = (x2, y2)
    返回 |x2-x1|+|y2-y1|。距离以城市街区为单位进行测量
    """
    interval = abs(pointB[0] - pointA[0]) + abs(pointB[1] - pointA[1])
10  return interval
```

"出租车度量"确定两点之间的计费距离是基于"出租车行驶时"而不是"乌鸦飞行时"的距离，即我们使用的是总的行驶距离，而不是两点之间的最短直线距离。

函数由以下要素组成。

声明　关键字 def 的作用是告诉 Python 你将定义一个函数。函数名必须遵循与变量名相同的规则（见 1.4.3 小节）。为函数提供见名知意的名称是

明智的。虽然函数只需要定义一次，但我们希望后面经常重用。现在不能为了节省打字时间而起一个容易忘记的名称，如 f。

参数 函数的名称后面是所有**参数**的名称，参数是函数执行计算所需的数据[①]。在本例中，taxicab 需要两个参数。如果只使用一个参数或多个错误类型的参数调用函数，Python 将引发 TypeError 异常。

冒号 冒号位于参数列表之后。冒号之后是函数的缩进代码块。注意函数与 for 和 while 循环以及 if 语句的相似之处。调用函数时，将执行冒号之后到代码块结束之前的所有内容。

文档字符串 一对三重引号之间的文本就是**文档字符串**。当使用 help 命令获取函数帮助时，Python 就会返回这种特殊的注释。文档字符串是描述函数功能和所需参数的标准位置。如果不提供文档字符串，Python 不会报错，但使用代码的人可能会抱怨。

函数体 函数体是使用参数执行有用操作的代码。上述示例是一个简单的函数，因此函数体仅由两行组成。复杂的函数可能包括循环、if 语句和其他函数调用，并且可能扩展到许多行。

返回值 在 Python 中，函数总是将某些东西"返回"给调用它的程序。如果不指定返回值，Python 将返回 None 对象。在本例中，函数将返回一个浮点数对象。

现在，我们来看看函数调用是如何工作的。在命令提示符下输入 taxicab 的函数定义。（可以省略文档字符串，但下不为例！）然后，输入以下代码：

```
fare_rate = 0.40              # 每个城市街区的票价，单位：美元
start = (1, 2)
stop = (4, 5)
trip_cost = taxicab(start, stop) * fare_rate
```

当执行第 4 行时，taxicab 的行为类似于 np.sqrt 或其他预定义函数（1.4.2 小节）。

> Python 将传入的参数对象赋给函数参数列表中的变量[②]。它将 pointA 绑定到同样的 start 对象，将 pointB 绑定到同样的 stop 对象（详见附录 F）。

---

① ⟦T2⟧ 函数定义中的参数有时称为"形式参数"。
② ⟦T2⟧ 传递给函数的参数有时称为"实际参数"。

➤ Python 将控制权转移到 taxicab。

➤ 当 taxicab 执行完成后，Python 将用返回值对 trip_cost 的赋值语句进行替换。

➤ Python 完成对表达式的计算，并将答案赋给 trip_cost。

虽然在本例中我们将 start 和 stop 定义为元组，但是我们可以使用列表、元组或 NumPy 数组等任何可以理解 thing[0] 和 thing[1] 含义的对象来调用新函数。

习题 6A

定义一个计算三维空间中两点之间直线距离的函数。起一个直观的名称，并编写一个富含信息量的文档字符串。看看当你使用错误的参数数量或类型调用函数时会发生什么，并确保用户对函数使用 help 命令后能够诊断和解决问题。

在某些方面，函数类似于脚本。函数是根据请求执行的代码片段。但函数又不同于脚本，函数是一种 Python 对象。函数可以通过名称调用（需要定义或导入），也可以通过其他脚本或函数调用。函数通过参数和返回值与调用程序通信。在函数完成计算后，Python 会丢弃函数的所有局部变量，因此请记住：

如果函数执行了计算，则需要返回（return）结果。

函数可以在 IPython 命令提示符下定义。不过，如果一个函数会使用多次，则应将其保存在文件中。你可以将函数放置在单独文件中，例如 taxicab.py，并在使用函数之前将该文件作为脚本运行（运行文件即定义函数，就像在命令提示符下输入函数一样）。你也可以在脚本中定义函数、使用函数，前提是函数定义在函数首次调用之前执行。

如果要在多个脚本和交互式会话中使用相同的函数，则可以创建一个**模块**，也就是在单个 .py 文件中定义一个或多个函数。模块是包含定义和赋值语句集合的脚本。模块可以通过命令提示符导入会话中，也可以在脚本中使用 import 命令导入。另外，模块还可以有选择地导入，如 1.3 节所述。

在工作目录中创建一个名为 measurements.py 的文件，并将 taxicab 和习题 6A 中编写的函数（例如称为 crow）保存其中。然后，输入 import measurements。现在，你可以访问 measurements.taxicab 和 measurements.crow 这两个函数。输入 help(measurements) 和

help(measurements.taxicab)，看看 Python 是如何使用文档字符串的。请注意，即使模块名和其中的函数名相同，仍然需要向 Python 提供模块名和函数名。例如，如果将 taxicab 函数保存在名为 taxicab.py 的文件中，然后导入 taxicab，那么调用 taxicab(A,B) 将导致错误。要访问该函数，必须使用 taxicab.taxicab(A,B)。

我们编写的后面要使用的模块应该位于主脚本所在的文件夹中，这通常是安装期间指定的全局工作目录（见 4.1.1 小节和 A.2 节）[①]。

6.1.2 更新函数

如果修改了脚本或模块中创建的函数，就需要指示 Python 使用最新版本。如果函数是在脚本中定义的，则可以使用 RUN▶ 按钮（如果脚本在编辑器中打开）或 %run 命令再次运行脚本。

如果函数是导入的模块的一部分，可能需要重启 IPython 内核或重启 Spyder 才能使修改生效。仅仅再次输入 import my_module 不会更新模块——即使在调用 %reset 之后也是如此。如果不想重启，可以使用 reload 函数来更新任何模块。reload 函数属于 importlib 模块[②]。要访问 reload 函数，请输入：

```
from importlib import reload
```

例如，如果在导入 measurements 模块后修改了 measurements.py 中 taxicab 函数的代码，则需要保存该文件，然后输入以下命令：

```
reload(measurements)
```

同样，调用 import 只会让 Python 加载之前尚未导入的模块。

> 如果模块已经导入，必须先保存模块，然后使用 reload 来更新函数。

通常只有在调试时才需要重新加载模块。函数正常工作后，只需在脚本或交互会话中导入一次即可。

---

① [T2] 如果你知道"路径"，那么可以创建文件夹，Python 可以从任何工作目录访问这些文件夹。
② 在 Python 2.7 中，reload 是内置函数，不需要导入。

6.1.3 参数、键值和默认值

前面已经看到，键值参数可以修改 plt.plot 等函数的行为。在编写函数时，你也可以使用键值，并给参数指定默认值。下面的示例演示了这两种技术：

```
# 摘自 measurements.py
def distance(pointA, pointB=(0, 0), metric='taxi'):
    """
    返回 A 点和 B 点之间的城市街区距离
    如果度量为 'taxi'（或省略），则使用出租车度量
    否则，使用欧几里得距离
      pointA = (x1, y1)
      pointB = (x2, y2)
    如果省略了 B 点，则使用原点
    """
    if metric == 'taxi':
        interval = abs(pointB[0] - pointA[0]) + abs(pointB[1] - pointA[1])
    else:
        interval = np.sqrt( (pointB[0] - pointA[0])**2 \
                           + (pointB[1] - pointA[1])**2 )
    return interval
```

distance 函数可以根据 metric 的值决定如何计算两点之间的距离。pointB 和 metric 都有默认值。如果参数有值传递给函数，则函数将使用它们；如果没有，则函数将使用默认值。运行脚本 measurements.py，然后尝试以下代码：

```
distance( (3, 4) )
distance( (3, 4), (1, 2), 'euclid' )
distance( (3, 4), 'euclid' )   #这会报错
distance( pointB=(1, 2), metric='normal', pointA=(3, 4) )
```

函数的参数必须按照函数定义的顺序正确排列，如本例的前两行所示，或者与键值配对，如最后一行所示。第 3 行代码将导致错误，因为字符串字面量 'euclid' 在这里以位置参数的形式出现，Python 会将其赋给变量 pointB。

6.1.4 返回值

函数可以接受任何类型或数量的参数，也可以不接受任何参数。函数的

返回值是一个对象，但这个对象可以是数字、数组、字符串或元组/列表对象集合。如果没有指定返回值，函数将返回 None 对象。

假设你要编写一个旋转二维向量的函数。参数应该是什么？函数应该返回什么？

参数应包括要旋转的向量和旋转角度。函数应返回旋转后的向量。下面是一个可以完成此任务的函数：

```python
# rotate.py
def rotate_vector(vector, angle):
    """
    给定角度，旋转二维向量
        vector = (x,y)
        angle = 以弧度为单位的旋转角度（逆时针）
    以 NumPy 数组的形式返回旋转后的向量图像
    """
    rotation_matrix = np.array([[ np.cos(angle), -np.sin(angle) ],
                                [ np.sin(angle),np.cos(angle) ]])
    return np.dot(rotation_matrix, vector)
```

上面实现的旋转函数会先创建一个 2×2 的矩阵，然后将该矩阵与第一个参数提供的向量相乘。函数不会修改向量的内容，而是返回由 np.dot 创建的新数组。

Python 允许**解包**复合返回值，也就是说，将对象的各个元素赋给单独的变量。一行代码、多个赋值，例如 x,y=(1,2)，是解包的一个简单示例。Python 可以解包任何可迭代对象：元组、列表、字符串或数组。

解包一个对象可以有多种方式。下面对 rotate_vector 的调用都能正常工作，但是旋转后向量分量的拆分方式是不同的：

```python
vec = [1, 1]
theta = np.pi/2
r = rotate_vector(vec, theta)
x, y = rotate_vector(vec, theta)
_, z = rotate_vector(vec, theta)
first, *rest = rotate_vector(vec, theta)
```

执行这些命令后，你会发现，r 是一个包含两个元素的 NumPy 数组。变量 x、y 和 z 则包含旋转后向量的分量。**下画线** _ 是一个哑变量，它的值会被丢弃（下画线是一个特殊变量，它的值是最近一次命令的结果，我们用下画线来临时存储一个不需要的值）。在示例的最后一行，first 包含旋转向

量的第一个元素，rest 是一个包含所有其他元素的列表[1]。在本例中，rest
只包含一个元素，但如果函数返回一个包含 100 个元素的数组，则 first
仍然只包含第一个值，rest 将是一个包含其他 99 个元素的列表（而不是
NumPy 数组）。可以使用 np.array(rest) 将列表转换为数组。

除了解包，还可以对函数的返回值执行索引或切片操作。例如，如果只
需要旋转向量的第二个元素，则可以输入：

```
w = rotate_vector(vec, theta)[1]
```

在计算此表达式和类似表达式时，Python 首先计算函数，然后用它的返
回值代替函数调用。

6.1.5 函数编程

Python 为程序员编写函数提供了极大的灵活性。我们将在附录 F 中讨论
其中的一些注意事项。但是，为了编写自定义函数，我们强烈建议你参考以
下指导原则：
> 仅通过函数的参数向函数传递数据；
> 不要修改函数的参数；
> 使用 return 语句返回计算结果。

Python 允许你绕过所有这些约定，但如果你遵守这些约定，代码将更容
易编写、解释和调试。你的函数将接受输入（参数）并产生输出（返回值），
而没有副作用。

所谓**副作用**是指除返回值之外，对计算机状态产生的影响。避免副作用
是**函数编程**的基本功。有时副作用是有用的，但在编写自定义函数时，请考
虑其他替代方案。

数组的意外副作用可能特别麻烦。Python 不会在函数内部自动创建数组
的本地副本。因此，通过使用数组方法，包括元素赋值，函数可以修改作为
参数传入的数组中的数据（参见 2.2.6 小节）。x.sort() 和 x.fill(3) 等
数组方法以及 x+=1 和 x*=2 等操作也可以修改数组数据。这类副作用可能
会加快代码速度，并减少大型数组运算的内存占用。你不需要进行任何复
制，就可以**覆写**数组并修改其元素。然而，性能的提升是以增加调试难度
为代价的。

---

[1] 这种类型的解包在 Python 2 中不可用。

如果确实想让函数修改数组中的元素，仍然可以避免副作用。你可以在函数中创建数组的本地副本，对副本进行操作，并返回新数组 [1]。或者，你也可以在函数中创建占位符数组，用值填充，然后返回新数组。NumPy 遵循这一原则：像 np.cos(x) 和 np.exp(x) 等函数就返回新的数组，对原数组 x 没有影响。如果你愿意，可以在主代码中用函数返回的新数组替换原数组，而不是在函数内部直接替换。

下面的函数说明了函数编程的这些原则：

```
# average.py
def running_average(x):
    """
    返回数组的累积平均值
    """
    y = np.zeros(len(x))                   # 存储结果的新数组
    current_sum = 0.0                      # x 元素的当前和
    for i in range(len(x)):
        current_sum += x[i]                # 增量求和
        y[i] = current_sum / (i + 1.0)     # 更新当前平均值
    return y
```

待处理的数组作为参数传入。数组不会被修改，计算结果以新数组返回。

如果你需要通过数组覆写来提高性能、减少内存使用，请使用附录 F 中的信息仔细规划代码，避免意外后果。但是，在使用覆写之前，请尝试使用 NumPy 的高效数组运算对代码进行向量化。向量化代码的运行速度几乎总是比自己在 Python 中编写的循环更快。

6.2　随机数与模拟

在许多有趣的问题中，我们可能对系统没有完整的知识，但我们知道简单事件结果的概率。例如，你可能知道一个骰子掷出某个结果的概率是 1/6，但你知道 5 个骰子掷出总和小于 13 的概率有多大吗？这时，你可以掷 5 个骰子很多次，然后得到经验概率，而不是根据组合数学计算理论概率。

随机数生成器使计算机每秒"掷骰子"数百万次成为可能。因此，如果

---

[1]　可以使用数组的 copy() 方法复制数组：y = x.copy()。执行此语句之后，x 和 y 将是具有相同数据的独立数组。请注意，切片操作不会创建数组的副本。见附录 F。

一个系统由随机模型描述，且参数的概率分布是已知的，则可以使用随机数生成器来模拟。即使不能分析出系统的细节，你也可以确定系统的可能行为。这种计算通常称为"蒙特卡罗模拟"。

6.2.1 模拟抛硬币

随机系统最简单的例子是抛硬币。假设要模拟抛硬币 100 次，记录正面或反面的次数，然后将 100 次抛硬币的整个过程重复 N 次。这将生成一个 N 个数字的集合，每个数字的范围是 0~100（包括首尾）。

我们如何让 Python 抛硬币？首先，尝试在 IPython 控制台提示符下输入 1>2，然后输入 2>1。你会看到 Python 在计算这些表达式时返回布尔值 True 或 False。模拟抛硬币的方法是：在 0 和 1 之间生成一个均匀分布的随机数，然后检查它是否小于 0.5。如果比较结果为 True，则记为正面；如果为 False，则记为反面。Python 还可以将这些值用于数值计算：它将 True 转换为 1，将 False 转换为 0。

np.random 模块包含多种概率分布的随机数生成器。在本章中，我们只需要区间 [0, 1) 上的"连续均匀分布"。尽管如此，你应该探索其他可用的概率分布。要使用这些函数，我们需要创建一个随机数生成器对象，然后访问其方法。为了减少输入，我们为方法指定 rand 别名：

```
rng = np.random.default_rng()          # 创建随机数生成器对象
rand = rng.random                       # 将均匀分布方法赋给 rand
```

现在，要获得 1000 个随机数，你可以直接输入 rand(1000)。如果将来希望切换到其他概率分布，只需要更改上面的第 2 行代码：选择 rng 的其他方法，并赋给同样的 rand 别名。如 1.3.2 小节和 4.3.9 小节的介绍，你也可以直接从 numpy.random 模块访问随机数生成器函数：from numpy.random import random as rand。这是可行的，但是 default_rng 方法使用的随机数生成算法效率更高，并且具有更好的统计特性。由于要生成大量随机数，我们从现在开始将使用 default_rng。

要进行一系列独立的抛硬币，首先创建一个名为 samples 的数组，其中包含由 rand 生成的 100 个随机数（有关如何轻松完成此操作的提示，请参阅 help(rand)）。然后，输入 flips=(samples<0.5)，将随机样本转换为抛硬币模拟。Python 逐项计算比较结果，并将结果存储在 flips 中。

然后，使用 np.sum(flips) 或数组方法 flips.sum() 计算正面的次数。重复此步骤若干次，感受一下在 100 次抛硬币中出现 50 次正面的可能性。

6.2.2 生成轨迹

我们可以用抛硬币的方法来研究随机游走、布朗运动，以及许多其他有趣的物理和生物系统。我们的轨迹将包含 500 个 x 值和 500 个 y 值。让我们创建一个 500 步的随机游走：

```
num_steps = 500
```

随机游走背后的思想是，每一步都是统计上独立的随机事件。在 6.2.1 小节中，你已经知道如何获得包含 500 个随机数字的数组。生成两个这样的数组，并命名为 x_step 和 y_step。对于抛硬币，True 和 False 或者 1 和 0 就足够了。然而，对于随机游走，需要一个 +1 和 −1 值的随机字符串。

习题 6B

> a.在 x_step 上做一个简单的代数运算，将每个 1 映射到 +1，将每个 0 映射到 −1。对 y_step 执行相同的运算。
> b.接下来，将这些数组转换为随机游走者的连续位置。请参阅 help(np.cumsum) 以了解该函数的作用。
> c.编写一个脚本来绘制随机游走。多运行几次。

尝试编写一个名为 get_trajectory 的函数。函数接受单个参数 num_steps，并返回包含随机游走者坐标的两个数组。

6.3 直方图和条形图

6.3.1 创建直方图

直方图是离散概率分布的一种图形表示。假设你现在想检查一下随机数生成器 rand 是否确实给出了均匀分布。要制作一个简单的直方图，请尝试以下代码：

```
# histogram.py
from numpy.random import random as rand
```

```
data = rand(100)
plt.hist(data)
```

一个直方图出现了，但很多事情是不知不觉发生的。实际上，函数 plt.hist 做了以下事情：

➤ 检查数组并确定数据的范围；

➤ 将数据范围划分为若干间距相等的**分箱**（bin）；

➤ 计算每个分箱中有多少个 data 元素；

➤ 将结果绘制为条形图；

➤ 返回一个元组，其中包含两个数组和一个名为 <a list of 10 Patch objects> 的项。

咨询 help(plt.hist)，可以看到返回值的内容，以及控制输出的键值参数和默认值。例如，有个可选键值参数叫作 *bins*，用于指定数据分箱的数量。默认情况下，全部数据分为 10 箱。然而，如果存在少量异常值，则在生成的直方图中，大多数数据可能会落入其中的一个分箱！这时可以使用键值参数 *bins*='auto'，Python 会对数据进行采样，并确定最佳分箱数量。如果分箱数量难以确定，那么不妨使用这个选项[①]。

另外，还可以使用键值参数控制每个条形的对齐方式。默认对齐方式为 *align*='mid'，表示条形的中心位于每个分箱的中点。

将分箱数量分别指定为 10、100 和 1000，并比较输出。为了获得更多控制，可以使用 range 键值参数指定数据分箱的范围，也可以为非均匀分箱直接指定每个分箱的边界。

为了控制数据的呈现或方便进一步分析，可以解包 plt.hist 的返回值获得用于生成绘图的频次统计和分箱边界[②]：

```
counts, bin_edges, _ = plt.hist(data)
```

函数返回 3 个对象，因此输出结果的解包需要 3 个变量。如果只需要前两个对象，可以将第三个对象分配给 Python 的下画线哑变量，如上所示。

如果只需要直方图数据，不想生成绘图，则可以使用 np.histogram 函数。实际上，plt.hist 也是利用此函数来生成绘图数据的：

---

① [T2] "最佳"分箱数量是直方图提供潜在概率分布的最佳估计的数量。对于超大规模数据集，有若干种方法可以收敛到相同的结果。有关其他可用方法的说明，请参阅 help(np.histogram_bin_edges)。

② 关于解包的更多信息，请参阅 6.1.4 小节；关于分箱边界的更多信息，请参阅 6.3.2 小节。

```
counts, bin_edges = np.histogram(data)
```

注意，这个函数只返回两个对象。

习题 6C

尝试代码，并检查返回值，确保理解这些函数是如何生成直方图的。要特别注意两个数组中元素的数量。

创建分箱数据后，可以使用其他样式绘图或在绘图之前对数据进行转换。plt.hist（或 np.histogram）函数已经完成了简单的排序和频次统计。接下来，你可以使用 plt.bar 创建自定义条形图。函数参数为条形位置数组、条形高度数组以及单个宽度或宽度数组。plt.bar 使用这些参数绘制矩形。所有数组的长度必须相同，因此必须丢弃 plt.hist 或 np.histogram 返回的 bin_edges 的最后一个元素，即最后一个区间的右侧边界。

呈现数据的方式有很多种。下面的代码使用 plt.bar 生成彩色绘图，其中条形的宽度与高度成正比：

```
bin_size = bin_edges[1] - bin_edges[0]
new_widths = bin_size * counts / counts.max()
plt.bar(bin_edges[:-1], counts, width=new_widths, color=['r','g','b'])
```

6.3.2 精细控制

如前所述，Python 对数据的显示方式提供了很多控制。例如，你可以指定每个分箱的边界或每个分箱中值的范围，而不仅仅是分箱数量。plt.hist 和 np.histogram 两个函数都可以应对这种情况，方法是：不将分箱数量（整数）传递给函数，而是提供一个数组，其元素是分箱的边界。边界的数量需要比分箱数量多一（每个分箱从上一个分箱结束的位置开始，因此需要额外指定第一个分箱开始的边界）。请注意，Python 将忽略任何超出范围的数据点。

你还可以使用 np.logspace 生成分箱。例如，要将随机数集合按 2 的幂的倒数分箱，如 $0, \dfrac{1}{128}, \dfrac{1}{64}, \dfrac{1}{32}, \cdots, \dfrac{1}{2}, 1$，则可以使用以下代码：

```
log2bins = np.logspace(-8, 0, num=9, base=2)
```

```
log2bins[0] = 0.0        # 将第一个分箱边界设置为零, 而不是 1/256
plt.hist(data, bins=log2bins)
```

如果使用 np.histogram 对数据进行分箱, 然后做一些额外的分析, 则可以使用 plt.bar 将其显示为直方图。下面的代码将执行此操作:

```
bin_size = bin_edges[1] - bin_edges[0]
plt.bar(bin_edges[:-1], counts, width=bin_size, align='edge')
```

默认情况下, plt.bar 函数以第一个参数中的相应值为中心绘制每个条形图。这通常不适用于直方图。前面的代码片段使用 align 键值参数指定了不同的行为。(试着忽略此参数, 看看有什么不同。)

另外, 将数据沿两个或多个不同的坐标轴进行分箱并创建更高维度的直方图也是可能的。**NumPy** 提供的 np.histogram2d 可以用于对 xy 坐标对进行分箱。使用 Axes3D.bar3d 可将结果显示为三维条形图 (见图 6.1), 或使用 plt.imshow 将结果显示为彩色像素网格 (热图, 详见 8.1.1 小节的例子)。np.histogramdd 可将分箱操作扩展到任意数量的维度。

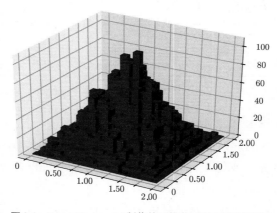

图6.1 Axes3D.bar3d制作的三维条形图 ("乐高图")

6.4 等高线图、曲面图和热图

前面几章介绍了单一自变量 (如时间序列) 数据集绘图的一些方法。这些数据可用于二维绘图。然而, 具有两个或多个自变量的模型则需要高维绘图。

双变量函数 $h(x, y)$ 可以理解为一个曲面, 曲面由每个点 (x, y) 上的高度确定。这就像地球的地形图一样，地形由每个经纬度处的高度确定。高度可以使用等高线图、曲面图和热图进行图形化表示。就像地形图一样，等高线图是用等高线表示高度的二维图；曲面图是曲面本身的 3D 透视图；热图使用颜色来表示高度。

6.4.1　生成点网格

为了绘制 $h(x, y)$ 的图形，必须指定各个点（有限点集）处的高度。通常，你希望将这些点转换成 xOy 平面中的网格形式。Python 提供了构造网格的简单方法：首先，根据目标范围创建 x 值一维数组和 y 值一维数组；然后，调用函数 np.meshgrid 创建网格。如果第一个数组有 N 个元素，第二个数组有 M 个元素，则 np.meshgrid 将返回两个 $M \times N$ 数组。两个数组分别包含每个网格点的 x、y 坐标。尝试以下代码：

```
x_vals = np.linspace(-3, 3, 21)
y_vals = np.linspace(0, 10, 11)
X, Y = np.meshgrid(x_vals, y_vals)
```

检查 X 和 Y，确保你理解了结果。np.meshgrid 返回一个列表，其中包含两个数组。我们将列表解包并赋给 X 和 Y。X 和 Y 本身是数组，均具有 $11 \times 21 = 231$ 个元素，它们分别给出了网格点的 x 和 y 坐标[1]。现在，你可以根据这些数组计算函数的值。也许你可以使用向量化数学来生成第三个数组 Z。然后，使用 (X, Y, Z) 创建等高线图、曲面图或热图。假如高度仅取决于到原点的距离，那么可以创建距离数组 R=np.sqrt(X**2+Y**2) 作为中间数组。

6.4.2　等高线图

假设这样一种情况：我们希望将函数 $z(x, y)=\cos x \sin y$ 可视化。不妨使用上面生成的 X、Y 数组创建等高线图：

```
Z = np.cos(X) * np.sin(Y)
plt.contour(X, Y, Z)
```

默认情况下，等高线的数量为 10。要改变数量，请在函数调用中添加第四个参数：plt.contour(X,Y,Z,20)。除了整数，你还可以传递一个数

---

[1]　Python 设置 X[i,j]=x_vals[j]，Y[i,j]=y_vals[i]。可以使用键值参数 *indexing*='ij' 更改此约定，它将设置 X[i,j]=x_vals[i]，Y[i,j]=y_vals[j]（将默认结果转置）。

组，其元素为待查看等高线的确切"高度"（z 值）。等高线的外观可以使用键值参数控制，等高线的标签可以使用以下命令添加：

```
# contour.py
cs = plt.contour(X, Y, Z, 10, linewidths=3, colors='k')
plt.clabel(cs, fontsize=10)
```

plt.contour 函数返回 ContourSet 对象，而 plt.clabel 命令则将标签添加到 ContourSet 对象中的等高线上。

plt.contour 函数仅绘制等高线，而 plt.contourf 函数可绘制填充等高线。使用 cmap 键值参数或 plt.set_cmap 命令更改 PyPlot 使用的颜色集。如果输入的颜色图名称不存在，Python 将返回一个错误，并列出所有可用的颜色图。

6.4.3　曲面图

创建曲面图和创建等高线图大同小异。函数的参数是相同的。不过，PyPlot 需要访问其他模块中的函数才能创建三维图形。回顾 4.3.7 小节：

```
from mpl_toolkits.mplot3d import Axes3D        # 导入 3D 绘图工具
```

Axes3D 对象可以绘制各种三维图形。例如，以下命令将创建一个曲面图：

```
ax = Axes3D( plt.figure() )              # 创建 3D 绘图器，并附加到新图窗
ax.plot_surface(X, Y, Z)                 # 生成 3D 绘图
```

创建三维绘图需要占用大量的计算资源。因此，Python 会尝试使用较少的点生成曲面。默认情况下，每个方向最多使用 50 个网格点。如果数组中包含更多的点，Python 将省略其中一些。若要使用所有的点，可将键值参数 rstride 和 cstride（"行步长"和"列步长"）的值设置为 1：

```
ax.plot_surface(X, Y, Z, rstride=1, cstride=1)
```

另外，你还可以指定各个方向使用的点的总数（或最大数）来提高分辨率。这里使用键值参数 rcount 和 ccount（"行计数"和"列计数"）：

```
ax.plot_surface(X, Y, Z, rcount=100, ccount=200)
```

创建一个 100×200 的点网格来绘制曲面（共 20 000 个点）。

> 在适当的数值网格上绘制函数 $z=x^2+y^2$ 的曲面图，其中 x 和 y 的范围是 $-1\sim1$。先使用键值参数创建低分辨率曲面，然后使用每个数据点创建高分辨率曲面。

默认情况下，plot_surface 使用虚拟光源发出的单一颜色和明暗来渲染曲面。若要获得彩色绘图，可以使用 *cmap* 键值参数设置颜色图（plt.set_cmap 对曲面图没有作用）。

6.4.4 热图

创建热图和创建等高线图或曲面图大同小异。函数的参数是相同的。不过，PyPlot 使用颜色而不是等高线或三维投影表示高度。PyPlot 的 pcolormesh 函数是创建曲面热图的快捷工具[①]。尝试以下命令：

```
plt.pcolormesh(X, Y, Z)
```

这时，你会看到函数的模糊彩图。在 plt.pcolormesh 绘图时，每个单元格默认使用一种颜色。不过，查看 help(plt.pcolormesh) 可知，对数组中各点之间的颜色进行插值，就能得到平滑图像。下面使用可选的 *shading* 键值参数。对比这两个命令的输出：

```
plt.pcolormesh(X, Y, Z, shading='gouraud')
```

和等高线图一样，若要更改颜色方案，可以使用 *cmap* 键值参数设置颜色图或在绘图后使用 plt.set_cmap。

谈谈图形颜色

彩色的图表、等高线图、曲面图和热图看起来非常美观。不过，屏幕上的色彩在打印输出时未必能很好地转换。如果以灰度模式打印作业或在纸质期刊上发表论文，那么使用非彩色的颜色图（如 'gray' 或 'bone'）往往效果更佳。

同时也要记住，颜色可以传达图形中的信息，但前提是观看者知道这些颜色的含义。为了方便查看，可以使用 plt.colorbar 或者图窗的 colorbar 方法轻松地将颜色条（颜色方案图例）添加到绘图中。等高线图、

---

① 8.2 节将讨论另一种使用图像处理工具的方法。

曲面图和热图这 3 种绘图都需要额外的步骤来添加颜色条：必须将绘图命令返回的对象赋给变量，然后将该对象传递给 colorbar 方法。下面的命令演示了如何添加颜色条：

```
plt.figure()
contours = plt.contour(X, Y, Z, cmap='jet')
plt.colorbar(contours)

fig = plt.figure()
ax = Axes3D(fig)
surface = ax.plot_surface(X, Y, Z, cmap='coolwarm')
fig.colorbar(surface)

plt.figure()
heatmap = plt.pcolormesh(X, Y, Z, cmap='bone')
plt.colorbar(heatmap)
```

最后，请记住，有些人可能无法区分红色和绿色（红绿色盲是最常见的色盲类型）。因此，请尽量添加文字或冗余的图形信息方便读者阅读，不要完全依赖颜色。

6.5　非线性方程的数值解法

在研究物理和生物系统时，常常需要求解非线性方程。例如，确定单基因开关系统中的不动点就需要求解6次多项式的根[1]。对于高于四次的多项式，没有通用的解析解。即使对于三次方程，公式也很烦琐。生物振荡器可能涉及更复杂的函数，它们甚至不是多项式。求这类表达式根的数值方法是非常有用的。

6.5.1　一般实函数

求函数根的方法与优化函数的方法密切相关。Python 和 NumPy 都没有提供完整的优化工具集合，但是 SciPy 有一个名为 scipy.optimize 的扩展库[2]。你可以导入整个模块：

---

[1]　根是函数的零点，即当 $f(x)=0$ 时 x 的值。
[2]　T₂库函数改编自高度优化的 Fortran 函数 MINPACK 库。

```
from scipy import optimize
```

输入命令 `dir(optimize)` 将看到 `optimize` 模块中所有可用函数的名称，输入 `help(optimize)` 将看到详细信息。不过，我们不需要这个库中的大多数函数，因此后面只导入需要的函数。

`fsolve` 是一个有用的求根函数。它接受两个参数，分别是函数名和搜索的起点（或点数组）。

可以使用 6.1 节中介绍的方法定义待求解的函数。如果需要求解像 $g(x)=7$ 这样的函数关系，可将函数定义为 $f(x)=g(x)-7$。`fsolve` 函数会自动确定待求解函数的零点。

虽然 `fsolve` 很擅长求根，但如果你帮助它，它会做得更好。你可以提供函数零点附近点的数组，然后让 `fsolve` 对这些点进行改进。生成初始猜测的一个好方法是绘制函数图，并直观估计它与 x 轴交叉的位置。

尝试以下代码并解释结果：

```
from scipy.optimize import fsolve
def f(x): return x**2 - 1
fsolve(f, 0.5)
fsolve(f, -0.5)
fsolve(f, [-0.5, 0.5])
```

方程 $x^2-1=0$ 有两个根，但 `fsolve` 返回哪个根取决于函数从哪里开始搜索。不妨提供一个起点数组，`fsolve` 就可以从这些起点开始搜索，并返回找到的根数组。

现在尝试以下代码，并解释看到的结果：

```
def f(x): return np.sin(x)**10
fsolve(np.sin, 1)
fsolve(f, 1)
```

上面代码中最后一个表达式的返回值并非正好是 0。这属于**数值误差**，原因在于 Python 使用有限位数来表示数字。因此，得到的结果只是近似解，但不精确。

"数值误差"虽然符合标准，但也让人遗憾。错不在你，也不在 Python。只是计算机硬件精度有限。

如果函数存在**奇点**[①]，那么搜索根时可能会出现更严重的错误。不妨检查一下当 $f(x)=1/(x-1)$ 时 fsolve(f,2) 的输出。函数在 $x=1$ 时存在奇点，且函数永远不会越过 x 轴。不过，fsolve 可能仍然会返回解，而不引发任何错误或警告。我们可以使用键值参数指示 fsolve 提供更多信息：

```
def f(x): return 1/(x-1)
fsolve(f, 2, full_output=True)
```

这一次，返回对象不仅有根的值，还包含了更多信息。你可以参考 help(fsolve) 来了解这些术语的含义，但最后一行肯定是不祥之兆：函数达到了最大求值次数，但仍然没有找到满足要求的根。如果数值结果不合理，则可以设置 *full_output*=True。

6.5.2　多项式的复根

fsolve 返回的解仅限于实数。考虑等式 $1/x=1+x^3$。为了使用 fsolve，我们必须先将其转换为 $f(x)=x(1+x^3)-1$，然后求根。假设我们有充分的理由猜测实根在 1 和 −1 附近：

```
def f(x): return x * (1 + x**3) - 1
fsolve(f, 1)
fsolve(f, -1)
```

四次方程有 4 个根。但是，在本例中，fsolve 只找到其中两个根，另外两个根是复数。

使用 NumPy 函数 np.roots 可以找到任何多项式的所有实根和复根。函数接受多项式的系数向量（详见 help(np.roots)）。对于上面的多项式，可以用 np.roots([1,0,0,1,-1]) 找到所有根。

[T₂]**非线性复方程**

对于具有复根的任意非线性方程（非多项式方程），直接运用 fsolve 或 np.roots 可能是不够的。例如，函数 $f(z)=\dfrac{1}{z}-(1+z^{2.4})$ 有一个实根和两个复根。fsolve 很容易找到实根，但要找到另外两个复根，就得费些工夫。

---

① 奇点是指数学定义或数学行为不明确的函数点。常见的例子有，$1/x$（除零）、$|x|$（不可微）或 $\sin(x)/x$（不定型）在 $x=0$ 时进行求值。

对于单变量函数，fsolve 会沿实轴搜索根。不过，对于有 N 个未知数、N 个方程的方程组，fsolve 也能找到数值解。对于单复变函数，找到复零点的方法是求解有两个未知数、两个方程的方程组。两个方程是函数的实部和虚部，两个未知数是复变量的实部和虚部。下面的代码将给出 $f(z)$ 的所有 3 个根：

```
def f(x):
    z = x[0] + 1j*x[1]
    q = 1/z - 1 - z**2.4
    return q.real, q.imag

fsolve(f, [2, 0])              # 找实根
fsolve(f, [0, 2])             # 找第一个复根
fsolve(f, [0,-2])            # 找第二个复根
```

另外，我们也可以使用 np.roots 来求解这个特殊方程。首先，将 $f(x)=0$ 改写为 $x^{3.4}=1-x$，并在等式两边同时取 5 次方，得到一个 17 次多项式。然后，用 np.roots 求得所有 17 个根。不过，大部分解都是额外解，因此可以使用 for 循环把解代入原表达式，去伪存真。

```
# 使用 NumPy 的多项式类创建单项式
X = np.poly1d([1,0])

# 创建多项式，多项式的根可能是原问题的解
P = X**17 - (1-X)**5

# 检查根，忽略额外解
for z in np.roots(P):
    if np.isclose(1/z - z**2.4 - 1, 0): print(z)
```

对于简单问题，使用 np.roots 或 Wolfram Alpha 或 SymPy（见 10.3 节）等计算机代数软件包可以得到准确结果。但是这类程序很容易出问题。例如，函数 $g(z)=\frac{1}{z}-(z^{2.41}+1)$ 只有一点变化，但求解时间已经超出了 Wolfram Alpha 允许的计算时间，而 np.roots 由于存在数值误差，341 次多项式即使求得零点，对原问题而言，也是无用的。fsolve 使用严格的数值方法，因此不会遇到这样的困难。

6.6 求解线性方程组

求解联立线性方程组是我们常见的需求。例如，双参数线性模型与数据集的最小二乘拟合就涉及求解以下一般形式的方程组：

$$\begin{bmatrix} a_1 \\ a_2 \end{bmatrix} = \begin{bmatrix} C_{11} & C_{12} \\ C_{21} & C_{22} \end{bmatrix} \begin{bmatrix} x_1 \\ x_2 \end{bmatrix}$$

其中各个 a 和 C 是给定的或可以寻得的，求各个 x。

Python 和 NumPy 不提供线性代数工具集，但 SciPy 提供一个名为 scipy.linalg 的矩阵数学库[①]。要访问模块中的函数，需要导入它们。你可以导入整个模块。

```
from scipy import linalg
```

要了解模块及其函数的详细信息，使用 dir(linalg) 和 help(linalg)。最常用的函数包括：

inv	矩阵求逆
det	行列式
sqrtm	矩阵平方根
expm	矩阵求幂
eig	矩阵的特征值和特征向量
eigh	厄米特矩阵的特征值和特征向量
svd	奇异值分解

我们后面只导入需要的函数，不会导入整个库。

为了求解上述线性方程组，我们可以先计算 C 的逆，然后乘以 a。注意乘法顺序：在等式两边的左侧乘以 C 的逆，可以得到解。

```
# matrix_inversion.py
from scipy.linalg import inv
a = np.array( [-1, 5] )
C = np.array( [ [1, 3], [3, 4] ] )
x = np.dot(inv(C), a)
```

问题的解会存入数组 x 中。你可以通过计算 np.dot(C,x)-a 进行检查。（同样，由于数值误差，结果可能不完全为零。但是，差值应该在 10^{-15} 左右甚至更小。）

[①] 其函数改编自高度优化的 Fortran 函数 LAPACK 库。

6.7 数值积分

函数积分是物理建模中的常见任务。例如，为了确定变量落在某一范围内的概率，可能需要对概率密度函数进行积分。

和线性代数一样，Python 和 NumPy 也不支持数值积分。不过，SciPy 支持，对应的模块名称是 scipy.integrate：

```
from scipy import integrate
```

输入命令 dir(integrate) 将显示 integrate 模块中所有函数的名称，输入 help(integrate) 将提供更多信息。但是，库中的大多数函数是不需要的，因此我们只导入需要的函数。

模块提供了若干积分例程，每个例程都具有特定的优势。通用的工具叫作 quad，来自"quadrature"一词，这是一个用来表示积分的旧词[①]。

6.7.1 预定义函数的积分

要进行数值积分，必须提供被积函数的函数名称和积分范围。另外，可选参数对积分过程提供了更多的控制。

为了了解这是如何工作的，下面来计算各个 x_{max} 值下的积分：

$$\int_0^{x_{max}} dx \cos(x)$$

尝试以下代码（每 5 行展示一次行号）：

```
# quadrature.py
from scipy.integrate import quad
x_max = np.linspace(0, 3*np.pi, 16)
integral = np.zeros(x_max.size)
for i in range(x_max.size):
    integral[i], error = quad(np.cos, 0, x_max[i])
plt.plot(x_max, integral)
```

以下是代码的工作原理：

➤ 第 2 行导入 quad 函数。

➤ 第 3 行创建 x_max 值数组。

➤ 第 4 行设置结果存储数组，形状与 x_max 相同。

---

① 此函数改编自高度优化的 Fortran 函数 QUADPACK 库。

> 接下来两行执行积分操作并存储结果。默认情况下，quad 返回两个值，分别是积分结果和误差估计。第 6 行对这些值进行解包。误差值在每次迭代后会被覆盖，而积分结果则会保存在数组的相应位置中。

quad 函数会在一系列精心选择的点上计算 np.cos，并根据结果求给定范围内的近似积分，积分范围由函数第二个和第三个参数确定。

习题 6E

> 手算积分，并检查 quad 的结果是否正确。

6.7.2 自定义函数的积分

下面介绍如何对自定义函数进行积分。如果函数较短，可直接在命令提示符下定义：

```
def f(x): return x**2
```

如果函数又长又复杂，或者可能被多次使用，那么需要在脚本或模块中定义，如 6.1 节所述。函数定义好后，就可以像其他函数一样，将名称（不带参数或圆括号）传递给 quad 进行积分。

注意，quad 只能积分实函数。若要积分复函数，需要分别积分函数的实部和虚部。如果要对返回值为复数的函数进行积分，它会发出警告，但程序不会停止。

习题 6F

> a. 求 $f(x)=x^2$ 在 0~2 范围内的积分，并检查 quad 的结果是否正确。
>
> b. 尝试一个你不知道如何积分的函数：
>
> $$\int_{0}^{x_{max}} dx\, e^{-x^2/2}$$
>
> 计算当 x_{max} 值为 0~5 时函数的积分，并绘制结果。
>
> c. quad 能处理无限范围吗？使用 −np.inf 和 np.inf 作为范围，计算下式的积分：
>
> $$\int_{-\infty}^{+\infty} dx\, e^{-x^2/2}$$
>
> 将积分结果与精确结果 $\sqrt{2\pi}$ 进行比较。

116 | 第 6 章 随机数生成和数值方法

6.7.3 振荡函数的积分

有时我们希望计算快速振荡函数的积分。在默认设置下，quad 可能无法收敛。不过，quad 方法也有灵活变通的一面。如果允许积分范围充分切割，quad 通常会给出满意的结果。键值参数 *limit* 的作用是控制网格的精细程度。尝试以下代码：

```
quad(np.cos, 0, 5000)                # 出现警告，且误差极大
quad(np.cos, 0, 5000, limit=1000)    # 没有警告；结果准确
np.sin(5000)                         # 对比正确结果
```

6.7.4 $\boxed{T_2}$ 参数依赖

quad 函数只能对单变量函数进行积分。对于多变量函数，如果只想对其中一个变量进行积分，保持其他变量不变，则有两个选项：定义一个只有一个变量的哑函数并将哑函数传递给 quad，或者向 quad 提供键值参数，指定常量参数。假如函数定义如下：

```
def f(x, a, b, c): return a*x**2 + b*x + c
```

若要对函数的 x 进行积分，保持 $(a, b, c)=(1, 2, 3)$，上述两个选项的工作方式如下：

```
# 使用哑函数
def g(x): return f(x, 1, 2, 3)
integral1, err = quad(g, -1, 1)
# 使用键值参数
integral2, err = quad(f, -1, 1, args=(1, 2, 3))
```

如果待积分的变量不是函数的第一个参数，则不能使用第二个方法，只能定义一个哑函数。

6.8 微分方程的数值解法

在物理和生命科学中，控制某个系统或描述某个模型行为的微分方程组通常可以写出。然而，由已知函数写出的微分方程组可能无法求解。例如，经典力学中的三体问题，写出微分方程组只需要 **F=ma** 和牛顿万有引力定律，但在过去 400 年中，没有人能够找到通解！

数值解法是研究微分方程组的有力工具 [①]。你可以根据方程组的初始构型，用给定的微分方程组计算出下一个构型。然后根据该构型，再次使用方程组计算下一个构型，以此类推。计算机是执行这种重复操作的理想选择，而且人们还为此开发了高效的库。

为了求解微分方程，我们再次求助 SciPy。所需的模块叫作 scipy.integrate，quad 也属于这一模块。scipy.integrate 模块提供了若干实用的函数，但我们重点关注 odeint 函数 [②]：

```
from scipy.integrate import odeint
```

6.8.1　重新表述问题

常微分方程是描述单个自变量函数的方程，我们称之为 $x(t)$。教科书的例子是受迫谐振子：

$$\frac{\mathrm{d}^2 x}{\mathrm{d}t^2} = x + g(t)$$

odeint 函数 "只能" 求解以下形式的常微分方程：

$$\frac{\mathrm{d}y}{\mathrm{d}t} = F(y, t) \tag{6.1}$$

其中 y 是向量，其分量 y_i 是 t 的函数；F 是向量，其分量是 y_i 和 t 的函数。幸运的是，任何显式常微分方程都可以写成这种形式。例如，要将受迫谐振子的二阶常微分方程描述为 odeint，必须将其重新表述为耦合一阶方程组。首先，定义两个新变量作为向量 y 的分量：

$$y_1 = x \qquad y_2 = \frac{\mathrm{d}x}{\mathrm{d}t}$$

接下来，用 y_1、y_2 和 t 写出 y_1 和 y_2 的导数：

$$\frac{\mathrm{d}y_1}{\mathrm{d}t} = \frac{\mathrm{d}x}{\mathrm{d}t} = y_2 \qquad \frac{\mathrm{d}y_2}{\mathrm{d}t} = \frac{\mathrm{d}^2 x}{\mathrm{d}t^2} = -x + g = -y_1 + g$$

这允许我们以 odeint 要求的形式转换二阶微分方程：y 是一个具有两个元素的数组，函数 $F(y, t)$ 的返回值是一个具有两个元素的数组：

---

① 许多作者用 "常微分方程的数值积分" 来表示这里的 "常微分方程的数值求解" 过程。在实际执行积分时，我们将保留 "积分" 一词。积分过程有时（但并非总是）可用于求解常微分方程。
② [T2] 此函数改编自高度优化的 Fortran 函数 ODEPACK 库。调用 odeint 会调用 LSODA 例程，这是一个自适应求解器，它会根据问题的进展选择预估校正法或向后微分公式。

$$y = \begin{bmatrix} y_1 \\ y_2 \end{bmatrix} \quad \frac{\mathrm{d}y}{\mathrm{d}t} = F(y, t) = \begin{bmatrix} y_2 \\ -y_1 + g \end{bmatrix} \tag{6.2}$$

大多数常见的常微分方程都可以用类似的方式重写。

6.8.2　常微分方程求解

必须为 odeint 提供 3 个参数：函数 $F(y, t)$ 的名称、定义了初始条件的数组 $y(t_0)$ 以及 odeint 用于求解 $y(t)$ 的 t 值数组。函数调用的一般形式如下：

```
y = odeint(F, y0, t)
```

表达式中的变量分别如下。

F——函数 $F(y, t)$，其参数为一维数组和标量，其返回值为数组。

y0——一维数组，y 的初始值。

t——t 值数组，用于计算 y。数组的第一个元素是应用初始值 y0 的时间。

y——t 中指定点处 $y(t)$ 值的数组。

要确定未受迫谐振子的运动（同上例，但 $g(t)=0$），首先需要定义函数 $F(y, t)$。第一个参数 y 是一个数组，包含 t 时刻 y_1 和 y_2 的值。所需函数已在式 (6.2) 中给出，其中 $g=0$：

```python
# simple_oscillator.py
def F(y, t):
    """
    返回二阶常微分方程 y'' = -y 的导数
    """
    dy = [0, 0]         # 创建列表存储导数
    dy[0] = y[1]        # 存储 y(t) 的第一个导数
    dy[1] = -y[0]       # 存储 y(t) 的第二个导数
    return dy
```

注意，尽管在本例中没有使用 t 的值，但 odeint 要求 F(y,t) 接受时间作为参数。如果在定义 F(y,t) 时省略此参数，则会报错。

现在来研究不同初始条件下谐振子的运动：

```python
# solve_ode.py
""" 谐振子常微分方程求解器 """

import numpy as np, matplotlib.pyplot as plt
from scipy.integrate import odeint
```

```
# 导入待积分的常微分方程:
from simple_oscillator import F

# 创建要研究的时间值数组:
t_min = 0; t_max = 10; dt = 0.1
t = np.arange(t_min, t_max+dt, dt)

# 提供两组初始条件:
initial_conditions = [ (1.0, 0.0), (0.0, 1.0) ]

plt.figure()                              # 创建图窗; 稍后添加绘图
for y0 in initial_conditions:
    y = odeint(F, y0, t)
    plt.plot(t, y[:, 0], linewidth=2)

skip = 5
t_test = t[::skip]
plt.plot(t_test, np.cos(t_test), 'bo')    # 在点的子集上进行比较
plt.plot(t_test, np.sin(t_test), 'ro')    # y0 = (1,0) 的精确解
                                          # y0 = (0,1) 的精确解
```

该示例说明了以下内容。

➢ 和 quad 一样, odeint 要求它的第一个参数是函数名(不带括号)。

➢ 第二个参数是一个向量, 包含两个元素, 用于指定初始条件。

➢ odeint 的返回值是一个数组。第一列是在 t 值下计算的 $y(t)$; 第二列是 dy/dt。如果求解的是高阶常微分方程, 第三列将包含 d^2y/dt^2, 以此类推。

习题 6G

修改 simple_oscillator.py, 增加动力 $g(t)=\sin(0.8t)$, 然后说说解的变化。

6.8.3 　T2 参数依赖

如果想探索不同的谐振子, 可以考虑将 F 修改如下:

```
# parametric_oscillator.py
def F(y, t, spring_constant=1.0, mass=1.0):
    """
    返回谐振子的导数:
    y'' = -(k/m) * y
    y = 位移, 单位: [m]
    k = 弹簧系数, 单位: [N/m]
    m = 质量, 单位: [kg]
```

```
"""
dy = [0, 0]             # 存储导数的数组
dy[0] = y[1]
dy[1] = -(spring_constant / mass) * y[0]
return dy
```

要在使用 odeint 时指定固定参数，有两个选项，这和 6.7.4 小节中的 quad 一样。首先，可以定义一个设置了参数的哑函数，并将该函数传递给 odeint。其次，可以使用键值参数 *args* 为 odeint 提供可选参数。这里假设系统的弹簧系数为 2.0 N/m，质量为 0.5 kg。

```
y0 = (1.0, 0.0)
t = np.linspace(0, 10, 101)
k = 2.0
m = 0.5

# 使用哑函数
def G(y, t): return F(y, t, k, m)
yA = odeint(G, y0, t)

# 使用键值参数
yB = odeint(F, y0, t, args=(k, m))
```

要使用第二种方法，必须在 F 参数列表中的 y 和 t 之后设置参数。否则，只能定义哑函数。

6.8.4 其他常微分方程求解器

odeint 是一个快速、简单且可靠的函数。然而，常微分方程的数值解法有很多，odeint 仅提供其中一种方法。而 scipy.integrate 库中的另一个函数 solve_ivp 则为若干种数值方法提供了统一接口。

solve_ivp 的输入和输出与 odeint 有很大不同。以下示例说明了 solve_ivp 在简谐振子中的使用。

```
# ivp_comparison.py
""" 使用 solve_ivp 比较不同的常微分方程求解器 """
import numpy as np, matplotlib.pyplot as plt
from scipy.integrate import solve_ivp

# 定义待积分的常微分方程：简谐振子
def f(t,y): return [ y[1], -y[0] ]
```

```
# 定义时间间隔
t_min = 0
t_max = 10

# 定义初始条件
y0 = [1.0, 0.0]

# 使用默认值对常微分方程进行积分
result = solve_ivp(f, (t_min, t_max), y0)
plt.plot(result.t, result.y[0], '^k', label='RK45')

# 指定时间序列并使用不同的求解器
dt = 0.1
t_vals = np.arange(t_min, t_max + dt, dt)

result = solve_ivp(f, (t_min, t_max), y0, t_eval=t_vals, method='BDF')
plt.plot(result.t, result.y[0], '.r', label='BDF')

plt.legend()
```

注意，solve_ivp 和 odeint 之间存在以下区别。

➢ 函数参数的顺序相反。solve_ivp 需要传入形式为 f(t,y) 的函数，而 odeint 则需要传入形式为 F(y,t) 的函数。本章中定义的函数要想使用 solve_ivp，则可以定义一个哑函数：

```
from simple_oscillator import F
def f(t,y): return F(y,t)
```

solve_ivp 只需要初始时间和最终时间。它将自动生成中间时间数组。可以使用可选的 t_eval 键值参数指定中间时间。

➢ 可选 method 键值参数允许你选择不同的数值方法。默认值为 'RK45'，这是一种"龙格-库塔"（Runge-Kutta）方法，类似于 MATLAB 的 ode45 例程。调用 solve_ivp 时如果设置 method='LSODA'，那么所使用的方法就和 odeint 相同。更多选项请参阅 help(solve_ivp)。

➢ 结果打包在一个复杂对象中，而不是单个数组中。在本例中，分别通过 results.t 和 results.y[0] 访问时间和位置数组。

如果你的目标是找到常微分方程组的解，那么 odeint 是简单而可靠的第一选择。但如果 odeint 给出的结果令人困惑，或者你想对不同的数值方法作比较，那么不妨尝试 solve_ivp。

6.9 向量场与流线

向量场是这样一种函数：函数在空间中任意一点的值都是向量。物理学中常见的例子包括电场、引力场和流体速度场。PyPlot 提供了两个用于可视化向量场及其流线的有用函数：plt.quiver 和 plt.streamplot。

6.9.1 向量场

使用 plt.quiver 可以绘制二维向量场。函数需要 4 个参数，所有参数都是数组，且具有相同大小。前两个参数定义了 (x, y) 值网格（见6.4.3 小节）。后两个参数不是指定这些点的高度或温度等标量函数，而是指定相应 (x, y) 坐标处二维向量 v 的分量。Python 将从每个网格点开始绘制一个箭头来表示向量场 $v(x, y)$。

习题 6H

尝试以下代码：

```
# vortex.py
coords = np.linspace(-1, 1, 11)
X, Y = np.meshgrid(coords, coords)
Vx, Vy = Y, -X
plt.quiver(X, Y, Vx, Vy, pivot='mid', angles='xy')
plt.axis('square')
```

解释你看到的"涡流图"。（键值参数 pivot='mid' 的作用是将各个箭头的中心放置在其网格点上。键值参数 angles='xy' 的作用是确保箭头准确表示流体速度场或电场等函数的梯度。）

Python 的默认箭头可能无法达到你的要求。查阅 help(plt.quiver) 可知，控制箭头外观还有其他若干选项。例如，如果希望箭头的长度与数组中指定的长度一致，则可设置键值参数 units='xy' 和 scale=1。设置后，如果向量在某个点上的分量是 (1,0)，则对应箭头的长度为 1.0（按照绘制坐标轴的刻度，这意味着箭头将随着图形的放大而变大，随着图形的缩小而变小）。

向量场通常作为标量函数的梯度出现。例如，引力场和电场是标量势的梯度。另外，菲克定律指出，在某一点上粒子的通量与浓度的梯度呈正比：

$$J = -D\nabla c$$

NumPy 可以通过 np.gradient 估算网格上函数的梯度 [1]。以下代码的作用是在等高线图上显示二维钟形曲线的梯度。参阅 help(np.gradient) 了解函数的参数和返回值。

```
# gradient.py
import numpy as np, matplotlib.pyplot as plt

coords = np.linspace(-2, 2, 101)
skip = 5
X, Y = np.meshgrid(coords[::skip], coords[::skip])   # 粗网格，用于梯度
R = np.sqrt(X**2 + Y**2)
Z = np.exp(-R**2)
x, y = np.meshgrid(coords, coords)                    # 细网格，用于等高线图
r = np.sqrt(x**2 + y**2)
z = np.exp(-r**2)

ds = coords[skip] - coords[0]                         # 粗网格间距
dX, dY = np.gradient(Z, ds)                           # 计算梯度

plt.contourf(x, y, z, 25)
plt.set_cmap('coolwarm')
plt.quiver(X, Y, dX.T, dY.T, scale=25, angles='xy', color='k')
plt.axis('equal')
```

考虑到 NumPy 计算梯度的方式和我们对 x 和 y 轴的约定，我们必须对 np.gradient 返回的数组进行转置，也就是说，我们必须交换行和列。

此外，Python 还能够使用 Axes3D 对象的 quiver3d 方法绘制三维箭图。必须提供 3 个坐标数组和 3 个向量分量数组：ax.quiver3d(X, Y, Z, Vx, Vy, Vz)。此函数可用于对复杂的三维流线图或电磁场进行可视化。

6.9.2　流线

向量场由一阶常微分方程组定义。一种求解方法是沿着箭头，生成"流线"。流线一词来自水流的类比：水流的速度定义了一个向量场，任何小体积水的轨迹都是流线。另外，"电场线"和"磁场线"则是电场和磁场的流线。

Python 的 plt.streamplot 函数可根据向量场生成多个轨迹。语法是：

---

[1]　函数梯度的解析公式通常比 np.gradient 更精确。不过，对于实验测量而言，通常没有解析公式。

```
plt.streamplot(x, y, Vx, Vy)
```

该函数有 4 个参数，和 plt.quiver 一样。这些参数用于指定坐标网格和相应的向量场[1]。你可以使用可选参数调整流线的长度和密度。有关详细信息，请参阅 help(plt.streamplot)。

为了说明函数的用法，下面在 6.9.1 小节中所绘向量场的基础上进行改进：

```
# streamlines.py
lower, upper, step = -2, 2, 0.1
coords = np.arange(lower, upper + step, step)
X, Y = np.meshgrid(coords, coords)
Vx, Vy = Y, -X
plt.streamplot(X, Y, Vx, Vy, linewidth=2)
plt.axis('square')
```

注意，这里选择的点网格比以前更加精细。对于向量场而言，由于箭头比较多，精细的网格会使图像变得杂乱。而对于生成流线，精细的网格反而会产生更精确的结果（因为 Python 不需要像使用粗网格那样进行大量插值）。

习题 6I

a. 前面示例中绘制的图片比较有规则。将第 5 行替换为以下代码：

```
Vx =Y - 0.1 * X
Vy = -X - 0.1 * Y
```

然后解释所得到的流线。

b. 接下来，将第 5 行替换为以下代码：

```
Vx, Vy= X, -Y
```

然后解释所发生的情况。

可以使用键值参数微调流线图。*density* 的作用是控制流线图中的线数。*start_points* 的作用是设置流线将要通过的 (x, y) 坐标点列表。*integration_direction* 的作用是指定从这些起点开始的积分方向。*minlength* 的作用是消除短流线。经过几番尝试之后，通常都能找到合适的参数生成美观的流线图。

---

[1] plt.streamplot 的文档规定 x 和 y 为一维数组。不过，传入由 meshgrid 生成的二维数组也能正常运行。

6.9 向量场与流线 | 125

第**7**章
第二次上机实验

在本次实验中，你将使用 Python 生成二维随机游走，绘制其轨迹，并查看大量随机游走的终点分布。你还将使用数值实验来研究罕见事件的统计数据。我们的目标如下。

➢ 生成从原点出发并沿对角线随机游走的轨迹：
$$x_{n+1}=x_n\pm1 \qquad y_{n+1}=y_n\pm1 \tag{7.1}$$

➢ 并排绘制各个轨迹，并计算众多轨迹的统计数据。

➢ 生成泊松分布并分析泊松过程。

7.1 生成和绘制轨迹

首先，回顾 6.2 节。

我们的第一个任务是创建一个 1000 步的随机游走，每一步由式 (7.1) 给出 ①。每个轨迹将是一个由 1000 个 x 值和 1000 个 y 值组成的列表。在脚本开头定义模拟的大小是个好习惯：

---

① 6.2.2 小节介绍了随机游走。

```
num_steps = 1000
```

现在可以使用 num_steps 设置所有数组的大小。

作业

      a. 根据 6.2 节的思路制作随机游走轨迹，然后绘制出来。为了消除任何变形，在绘制完后使用 plt. axis('square') 或 plt.axis('equal') 命令。

      b. 制作 4 个轨迹，然后并排查看。使用 plt. figure() 创建新的图形窗口。可以在第一个 plt.plot 命令之前使用 plt.subplot(2,2,1)，在第二个 plt. plot 命令之前使用 plt.subplot(2,2,2) 等命令访问各个子图。Python 可以为每个绘图赋予不同的放大率。可咨询 help(plt.xlim) 和 help(plt.axis) 了解如何为每个绘图设置相同的 x、y 限制[1]。

7.2 绘制位移分布图

多次运行脚本，并比较生成的轨迹。这些图形总是在变化！有时，随机游走轨迹会跑到屏幕之外，有时仍在原点附近。然而，它们之间也有一些相似之处。我们来看看它们在哪些方面具有相似性。

随机游走 1000 步后能走多远？更准确地说，对于每一次随机游走，从起点 $(0, 0)$ 到终点 (x_{1000}, y_{1000}) 的距离是多少？我们可以用 Python 给出这类问题的统计答案。假如现在的需求是 100 次随机游走，而不是 4 次。你可以手动检查 100 个图，但很难看到共同特征。相反，我们可以要求 Python 生成这些随机游走，但只显示摘要。

进行 100 次遍历的一个简单方法是将编写的代码嵌入 for 循环中。你可以创建 3 个数组，x_final、y_final 和 displacement 来存储最终的 x、y 位置和到原点的距离。然后，在循环结束之前，添加以下代码：

```
x_final[i] = x[-1]
y_final[i] = y[-1]
```

---

[1]   你还可以在 plt.subplots 中使用键值参数 *sharex* 和 *sharey*（4.3.9 小节）。

```
displacement[i] = np.sqrt(x[-1]**2 + y[-1]**2)
```

你也可以使用向量化运算而不是 for 循环来解决问题。尝试找出解决方法。如果数组不太大，即如果 num_walks*num_steps 小于 10^7，那么向量化方法比循环更快。

我们至少可以用 3 种方式总结结果。如果有很多终点（x_final、y_final 对），可以使用 plt.plot 或 plt.scatter 绘制散点图。另外，你还可以检查最终位移向量的长度或其平方。

作业

      a. 当代码正常运行后，将随机游走的次数从 100 增加到 1000（见 3.3.5 小节）。绘制终点散点图。

      b. 使用 plt.hist 绘制位移值的直方图。

      c. 绘制 displacement**2 的直方图。

      d. 根据 c 中得到的结果猜测直方图的数学形式。使用对数坐标图和双对数坐标图测试是否存在指数或幂律关系。

      e. 使用 np.mean 求 1000 步随机游走的 displacement**2 的平均值（均方位移）。

      f. 求 4000 步随机游走的均方位移。

如果还想进一步分析，不妨看看能否确定均方位移和随机游走步数的关系。

事实证明，随机游走并非完全不可预料。在所有的随机性中产生了规律的统计行为，你可以在 b~f 的答案中看到这点。

实验数据也与这些预测一致。随机游走虽然去除了真实布朗运动的诸多复杂性，但仍然捕捉到了大自然的非凡之处，这些非凡之处仅从公式看并非显而易见。从定性的角度看看你的输出是否与图 7.1 所示的微米级颗粒在水中扩散的实验数据相似。

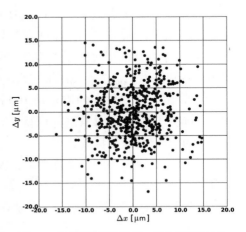

图 7.1　布朗运动实验数据。每个点是粒子从图形中心开始经过一定时间后的最终位置

7.3 罕见事件

7.3.1 泊松分布

想象一枚极不均匀的硬币，正面落地的概率 ξ 等于 0.08（非 0.5）。每次试验包括抛硬币 100 次。你可能会认为，每次试验将得到"大约 8 个"正面。不过原则上，我们可以得到少至 0 个、多至 100 个正面。

泊松分布是一种适用于罕见事件的离散概率分布。对于上面极不均匀的硬币，泊松分布预测抛硬币 100 次出现 ℓ 次正面朝上的概率为

$$P(\ell) = \frac{e^{-8} \cdot 8^{\ell}}{\ell !} \tag{7.2}$$

其中，ℓ 为大于或等于 0 的整数。

作业

> a. 在开始抛硬币之前，选择一些有趣的 ℓ 值，并根据此范围绘制上述函数。你可能会发现以下内容很有用：
>
> ➤阶乘函数 factorial 可以从 scipy.special 导入。
>
> ➤不需要将 ℓ 一直延伸到无穷大。你会看到，$P(\ell)$ 很快就会变得小到可以忽略不计。
>
> ➤在 Python 中，向量元素的编号总是 0、1、2、3 等。ℓ 也是从零开始的整数，因此 ℓ 是很好的数组索引。
>
> ➤8^{ℓ} 的值可能会变得非常大——比 NumPy 可以存储的最大整数还要大[①]。
>
> 为了避免数值溢出和结果错误，使用浮点数组而不是整数数组。请查阅 help(np.arange)，并阅读 *dtype* 键值参数的有关信息。
>
> b. 进行 N 次抛硬币试验，每次试验由 100 次抛硬币组成，每次只有 8% 的机会正面朝上。你可能最终要将 N 设置为一个很大的数字。但在开发代码时，不要设置太大，比如说只设置 $N=1000$，这样代码就能快速运行。
>
> c. 让 Python 计算每次试验正面朝上的次数 M。然

---

① 默认情况下，NumPy 使用的整数是 64 位的，因此它可以存储的最大数字是 $2^{63}-1$。

后，使用 plt.hist 创建 N 次试验中 M 次正面朝上的频率直方图。如果出现了不喜欢看到的结果，请咨询 help(plt.hist)。例如，在数据分箱方面，plt.hist 可能会做出糟糕的选择。

  d. 绘制泊松分布（式 (7.2)）乘以 N 的图形。最可能出现的结果是什么？在 c 中直方图的同一坐标区中绘制此图形。

  e. 令 $N = 1\,000\,000$，重复 b~d，并说说你的看法（这可能需要一段时间）。

在 $N = 1000$ 的情况下反复运行脚本。注意观察，每次的分布都略有不同，但每个图都与其他图大致相似。

7.3.2 等待时间

  想象一下，如果每秒抛一次硬币，那么一连串的正面和反面就形成了一个时间序列，这称为**泊松过程**，或者散粒噪声。因为 $\xi = 0.08$，所以抛到正面属于罕见事件。我们预计硬币会出现长串的反面，中间偶尔穿插着正面。这就提出了一个有趣的问题：在得到一个正面之后，需要抛多少次硬币才能得到下一个正面？更准确地说，从一个正面到下一个正面的等待时间是如何分布的？

  这里可以使用 Python 来回答这个问题。首先，创建一个由 1 和 0 组成的长列表。然后，用 NumPy 的 np.nonzero 函数搜索每次出现的 1。该函数接受一个数字数组，并返回非零元素的索引数组。请参阅 help(np.nonzero) 并使用较小数组（如 np.nonzero([1,0,0,-1])）进行实验，以了解函数的行为。

  每次等待时间都是一连串 0 的长度加 1。在 np.nonzero 返回的数组中，你可以将相邻元素相减，得到两个正面之间的等待时间，然后绘制图表，显示这些间隔的频率。NumPy 的 np.diff 函数可用于获取数组中相邻项的差值。在绘图之前，需要将 np.diff 返回的数组展平。有关数组展平的详细信息，请参阅 2.2.8 小节。有关 np.diff 函数的更多信息，请参阅 help(np.diff)。

  在计算答案之前，试着猜测这个分布的样子。有人可能会这样推理："因为正面比较罕见，所以一旦得到一个反面，很可能会连续得到很多反面，因此出现短的零串比出现较长零串的可能性要小。但最终肯定会得到一个正面，因此很长的零串也不如较长零串常见。"想想看。这样的推理合理吗？现在，计算分布。如果输出不符合你的预期，试着找出原因。

作业

      a. 构造一个由 1 和 0 组成的随机字符串，代表 1000 次不均匀硬币的抛掷。然后，绘制长度为 0、1、2、……的等待时间的频率，如上所述。另外，绘制这些频率的对数坐标图和双对数坐标图。这个分布的函数是一个似曾相识的函数吗？

      b. 两次正面之间的平均等待时间是多少？

      c. 重复 a 和 b，掷 1 000 000 次硬币。

第**8**章
图像和动画

科学和艺术的共性在于试图深刻地观察，以发展出观察和展示的策略。

——爱德华·塔夫特

本章内容简短，进一步介绍使用 Python 进行物理建模的实用工具。我们先介绍图像处理工具，然后讲述如何创建动画和视频。

8.1　图像处理

数字图像是由像素组成的集合。图像可以采用多种格式存储。在黑白照片的情况下，每个像素由一个数字表示，分别对应于探测器在 xOy 平面上感测到的强度（平均光子率）[①]。数码相机会捕捉每个像素的光强，并将其报告为 $0\sim2^m-1$ 的整数，其中 m 称为位深。一个常见的选择是 $m=8$（256 个不同的光级）。因此，灰度图像可以由一个 8 位的整数数组表示，通常称为"通道"。数码相机的彩色图像通常由 3 个这样的数组组成，其中每个数组分别用于表

[①]　这里讨论的是光栅图像，也称为位图，以 `.png`、`.tif` 或 `.jpg` 等格式保存。另一类图像则称为矢量图形，格式为 `.svg` 或 `.eps` 等，它们以数学形式表示图形，见 4.3.10 小节。

示 RGB 颜色方案中的红光、绿光和蓝光。有些数字图像还可能包括第四通道，称为 alpha，用于控制透明度（RGBA 颜色方案）。

计算机使用图像文件中的像素数据在显示器上再现图像。就 Python 而言，每个图像都是一个数字数组。反之，任何数字数组都可以显示为图像。有了数组和图像之间的映射，我们就可以使用 Python 导入、分析、转换和保存图像。

8.1.1 将图像转换为 NumPy 数组

下面使用 Python 导入和显示图像文件。首先需要让 Python 访问图像数据。按照 4.1 节的说明获取数据集 16catphoto。将文件 bwCat.tif 复制到工作目录中。

原生 Python 和 NumPy 都不包含处理图像的模块，但 PyPlot 包含读取、显示和保存图像文件的函数：plt.imread、plt.imshow 和 plt.imsave。使用以下命令将照片导入数组：

```
photo = plt.imread('bwCat.tif')
```

如果在加载图像文件时遇到问题，则可能需要安装 pillow 库。有关详细信息，请参阅 A.1.2 小节。为了验证照片确实是以数字数组来表示的，你可以查看 photo 的一些元素。你应该在变量管理器中看到该数组。另外，你还可以检查数组的数据字段，甚至检查切片：

```
photo.shape
photo.dtype
photo[:10, :10]
```

这张照片以 648×864 的整数数组表示。数组的数据类型是 uint8，这意味着每个值都是由 8 位的无符号整数表示，这和原始图像的位深一致。

8.1.2 保存和显示图像

我们现在可以使用 PyPlot 将数组显示为图像：

```
plt.imshow(photo)
```

生成的图像可能出乎你的意料。在默认设置下，PyPlot 很适合绘制数学函数，但不适合绘制黑白照片。为了方便查看照片，需要使用以下命令设置颜色图、删除轴并更改背景颜色。

```
plt.set_cmap('gray')                    # 对黑白图像使用灰度
plt.axis('off')                         # 去掉坐标轴和刻度线
fig = plt.gcf()                         # 获取当前图窗对象
fig.set_facecolor('white')              # 将背景色设置为白色
```

现在，我们看到了一只可以辨认的猫的图像。你可能会发现，定义一个单独的函数来执行所有这些步骤并显示数组中的黑白图像是非常方便的。

你可以使用图形窗口中的 SAVE 按钮将图像以照片格式导出。你也可以在命令提示符中或在脚本中创建图像文件：

```
plt.imsave('cat.jpg', photo, cmap='gray')
```

plt.imsave 函数处理数组的方式和 plt.imshow 相同，它将使用当前的颜色图。因此，我们需要为黑白图像指定合适的颜色图。

8.1.3　图像处理

因为 Python 能将图像转换为数字数组，所以你可以对数组执行数学运算，从而对图像进行增强。

习题 8A

尝试以下代码：

```
new_cat = (photo < photo.mean())
```

显示新数组，并解释所看到的内容。在变量管理器中比较 new_cat 和 photo。

第 9 章将介绍一些图像处理和增强的常用技术。不过，你应该知道，科学伦理对修改图像作为证据是有限制的。

8.2　将数据显示为图像

以图像的形式显示二维数据集通常是很有用的。一种方法是使用 6.4.4 小节介绍的 plt.pcolormesh 创建热图。但是，如果每个数据点都要表示为图像中的一个像素，或者多个数组可以解释为 RGB 图像中的通道，则可以使用 PyPlot 的图像处理工具。

有时，图像可以揭示矩阵或数据集的内部结构。plt.imshow 可以从二维数组创建一个图像。尝试以下代码：

```
M = np.zeros((40,40))
M[:10,:10] = np.random.random((10,10))
M[10:,10:] = np.random.random((30,30))
plt.imshow(M)
plt.colorbar(_)
```

我们可以在不查看数字表的情况下看到矩阵的"块对角结构"。

注意，使用 plt.imshow 时，屏幕上的点遵循矩阵或电子表格中点的位置约定：(0, 0) 位于左上角（第一列和第一行），行数从上到下递增，列数从左向右递增。

这在显示矩阵或照片时没什么问题，但是绘图函数通常不采用这样的约定。

> 在笛卡儿坐标系中，原点位于左下方，当向右移动时，x 值会增加；当向上移动时，y 值会增加。

如果数据由位置函数 $f(x, y)$ 的采样组成，你可能希望将原点放在左下角。使用键值参数 *origin*="lower" 可以实现这一点。

前一段还暗示了数学约定和图像约定之间的第二个冲突：对于数组，行索引排在第一位，列索引排在第二位。但是对于笛卡儿坐标，x 值对应于列索引，y 值则对应于行索引。因此，在使用 plt.imshow 绘制数组时，可能需要对数组进行转置（如果使用 np.meshgrid 和向量数学创建函数，则不需要转置）。

以下示例说明了这些要点：

```
# data_images.py
""" 演示图像坐标和笛卡儿坐标的差异 """
import numpy as np, matplotlib.pyplot as plt

# 定义坐标网格
# 范围相同，但 x 轴上的点数是原来的两倍
x_max, y_max = 2, 1
x_num, y_num = 200, 100

# 创建坐标数组
x = np.linspace(0,x_max,x_num)
y = np.linspace(0,y_max,y_num)
```

```
# 将函数值赋给占位符数组
z = np.zeros((x_num,y_num))
for i in range(M):
    for j in range(N):
        z[i][j] = (x[i] - 2*y[j])**2

# 使用meshgrid生成相同的函数值
X,Y = np.meshgrid(x,y)
Z = (X-2*Y)**2

# 将结果可视化
fig, ax = plt.subplots(2,3, figsize=(12,6))
fig.suptitle(r"Plots of $f(x,y) = (x-2y)^2$")

ax[0,0].imshow(z)
ax[0,0].set_title("Loop: Image Coordinates")

ax[0,1].imshow(z, origin="lower")
ax[0,1].set_title("Loop: Spatial Coordinates")

ax[0,2].imshow(Z)
ax[0,2].set_title("meshgrid: Image Coordinates")

ax[1,0].imshow(z.transpose(), origin="lower")
ax[1,0].set_title("Loop: Transpose + Spatial Coordinates")

ax[1,1].imshow(Z, origin="lower")
ax[1,1].set_title("meshgrid: Spatial Coordinates")

ax[1,2].pcolormesh(X, Y, Z)
ax[1,2].axis('image')
ax[1,2].set_title("pcolormesh")
```

运行代码，可以看到一组图像。其中，上面 3 幅图像没有遵循通常的数学约定；下面 3 幅图像则遵循了通常的数学约定。注意，plt.pcolormesh 使用坐标值而不是数组索引来标记坐标轴。

总之，数组索引不是笛卡儿坐标。

如果要可视化的矩阵或数据与空间无关，plt.imshow 是一个简单的选择。如果要绘制函数 $f(x, y)$，使用 np.meshgrid 和 plt.pcolormesh 创建热图通常更简单。

8.3 动画

一张图片足以折射出千言万语，但是动画视频可能更胜一筹。Matplotlib 提供了一个名为 animation 的模块，用于从绘图中创建视频。我们还可以按顺序查看静态图（帧）集合，并创建简单的动画。

我们下面提供两个脚本来创建动画。它们展示了两种不同的方法，但二者有一个共同的设计原则，即创建一个空的绘图，控制想要绘制成动画的线或点对象，然后在每一帧中更新线或点对象。一旦理解了其中的原理，就可以创造各种各样的动画。

8.3.1 创建动画

下面的脚本将使用 animation 模块中的 FuncAnimation 函数来创建第 7 章中研究的随机游走的视频。使用 Python 的 help 函数探索许多其他可用的选项（每 5 行展示一次行号）：

```python
# walker.py
# Jesse M. Kinder -- 2021
""" 使用二维随机游走制作视频 """
import numpy as np, matplotlib.pyplot as plt
from matplotlib.animation import FuncAnimation

# 创建随机数生成器
rng = np.random.default_rng()                    # 创建随机数生成器对象
rand = rng.random                               # 将其均匀分布方法赋给 rand

# 设置每次随机游走的步数
num_steps = 100

# 根据目标大小创建空图窗
plt.close('all')                                # 清除之前运行中留下的任何东西
bound = 20
fig = plt.figure()                              # 必须为视频设置图窗对象
ax = plt.axes(xlim=(-bound, bound), ylim=(-bound, bound))

# 创建没有数据的空直线和点对象
# 它们将在动画的每一帧中更新
my_line,  = ax.plot([], [], lw=2)               # 线用于显示路径
my_point, = ax.plot([], [], 'ro', ms=9)         # 点用于显示当前位置
```

```
25  # 生成随机游走数据
    x_steps = 2*(rand(num_steps) < 0.5) - 1        # 生成随机步子: +/- 1
    y_steps = 2*(rand(num_steps) < 0.5) - 1
    x_coordinate = x_steps.cumsum()                # 对步子求和, 得到位置
    y_coordinate = y_steps.cumsum()
30
    # 此函数将生成动画的各个帧
    # 通过第 n 帧将所有数据添加到直线
    # 并将点移动到游走的第 n 个位置
    def get_step(n, x, y, this_line, this_point):
35      this_line.set_data(x[:n+1], y[:n+1])
        this_point.set_data(x[n], y[n])
        return this_line, this_point

    # 调用动画函数, 制作视频
40  my_movie = FuncAnimation(fig, get_step, frames=num_steps,
                    fargs=(x_coordinate, y_coordinate, my_line, my_point) )

    # 将视频保存在当前目录中
    # *** 必须安装 FFMPEG, 否则下一行将导致错误 ***
45  # my_movie.save('random_walk.mp4', fps=30, dpi=300)
```

在第 22、23 行中，`ax.plot` 返回一个只包含一个对象的列表。我们需要的是列表中的对象，而不是列表本身。在 `my_line` 和 `my_point` 后面添加逗号将强制 Python 解包列表，而不是将列表赋给变量。

这个脚本采用了新的绘图方法来提高视频质量：从一帧到下一帧，图像的固定元素（坐标轴、刻度线、图例、标签等）保持不变。脚本一次性创建好图窗和坐标轴（第 17、18 行），不会"从零开始"绘制每一帧。然后，脚本会创建两个变量，并分配给不包含任何初始数据的线和点对象（第 22、23 行）[①]。函数 `get_step` 的作用是修改线和点对象的数据（属于有意为之的副作用），但对图窗的其余部分没有影响。`get_step` 的第一个参数是帧号。

`FuncAnimation` 需要接收图窗的名称和更新图形的函数，它会不断调用 `get_step` 来更新图形并生成视频的帧。我们还通过键值参数 `fargs` 提供额外参数给 `get_step`。这些参数用于指定更新帧时要使用的数据、线和点对象。（当前帧号自动作为第一个参数传递。如果函数需要额外参数，如本例所示，则应使用 `fargs` 传递。）

---

① 键值参数 `lw` 和 `ms` 分别代表线宽和标记符大小。

3D 动画图形

本节中的方法也可以用于 Axes3D 对象，只需轻微改动。例如，为了更新 3D 绘图中的帧，必须将 set_data(x,y) 替换为 set_data_3d(x,y,z) 来传递三维 (x, y, z) 数据。通过这样的小改动，就可以创建三维动画和视频。

8.3.2 保存动画

要创建和查看动画，除了 Matplotlib，不需要任何其他软件。你可以与他人共享代码，但他们需要 Python 才能查看你的杰作。有时，将动画保存为任何人都可以查看的格式（例如网页或者视频文件）会更有用。一种简单的方法是，使用操作系统的屏幕录制功能，直接从计算机屏幕录制 Python 动画[①]。下面将介绍两个额外的选项，为视频制作和文件输出格式提供更多的选择。第一个选项可以完全用 Python 实现。第二个则需要安装一个额外的叫作编码器的软件。

HTML 视频

制作动画的一种简单方法是创建一本手翻书。当快速翻看一系列图像时，就会创造出运动的错觉。你可能在年轻的时候，或者无聊的时候，用这种方式制作过卡通人物。

前面已经介绍如何使用 Python 创建一系列静态图像。现在需要一种方法将它们全部结合起来进行显示。在本书配套资源中找到名为 html_movie.py 的文件。模块包含一个名为 movie 的函数，用于创建 HTML 文件来连续显示一系列图像。查看动画不需要在线，只需使用 Firefox、Safari 或 Chrome 等网络浏览器即可。

下面的脚本将创建一个 HTML 视频，其中两个行进的波会相互穿过对方（每 5 行展示一次行号）：

```
# waves.py
# Jesse M. Kinder --- 2021
"""生成移动高斯波动画的帧"""
import numpy as np
5  import matplotlib.pyplot as plt
# 预先下载本书配套资源，并找到 html_movie.py
from html_movie import movie
```

---

① 在 macOS 上，使用 Screenshot.app 或者按 <Cmd-Shift-5>。在 Windows 上，按 <Window-Alt-R>。在 Linux 上，可以使用 SimpleScreenRecorder（见 GitHub 网站）。

```
10   # 为每一帧生成波
     # 使用数组 s 返回具有指定中心和散布的高斯分布
     def gaussian(s, center=0.0, spread=1.0):
         return np.exp(-2 * (s - center)**2 / spread**2)

15   # 所有长度单位为 [m]，所有时间单位为 [s]，所有速度单位为 [m/s]
     # 定义要显示的值的范围
     x_min, x_max= -4.0, 4.0
     y_min, y_max= -3.0, 3.0
     # 定义位置数组
20   dx = 0.01
     x = np.arange(x_min, x_max + dx, dx)


     # 定义模拟的持续时间和帧数
     tmin, tmax= 0.0, 4.0
25   num_frames = 100
     t = np.linspace(tmin, tmax, num_frames)


     # 定义高斯波的初始位置和速度
     r_speed = 2.0                       # 右行波的速度
30   r_0 = -4.0                          # 右行波的初始位置
     l_speed = -2.0                      # 左行波的速度
     l_0 = 4.0                           # 左行波的初始位置


     # 生成图窗并访问其坐标区 Axes 对象
35   plt.close('all')
     fig = plt.figure(figsize=(6, 6))
     ax = plt.axes(xlim=(x_min, x_max), ylim=(y_min, y_max))


     # 创建 3 个空的线对象并获得控制
40   # 下面的循环将更新每帧中的线对象
     ax.plot([], [], 'b--', lw=1)         # 右行波的线对象
     ax.plot([], [], 'r--', lw=1)         # 左行波的线对象
     ax.plot([], [], 'g-', lw=3)          # 波叠加后的线对象
     lines = ax.get_lines()               # 在绘图中获取 3 个线对象的列表
45

     # 帧必须按字母顺序命名
     #{:03d} 将整数格式化为三位数，如果需要还可以加上前导零:
     #'000_movie.jpg'、'001_movie.jpg'，以此类推
     file_name = "{:03d}_movie.jpg"
50

     # 生成帧并将每个图形保存为单独的 .jpg 文件
     for i in range(num_frames):
```

```
        r_now = r_0 + r_speed * t[i]              # 更新波的中心
        l_now = l_0 + l_speed * t[i]
55      yR =gaussian(x, r_now)                     # 获取波的当前数据
        yL = -gaussian(x, l_now)
        lines[0].set_data(x, yR)                   # 更新右行波
        lines[1].set_data(x, yL)                   # 更新左行波
        lines[2].set_data(x, yR + yL)              # 更新叠加波
60      plt.savefig(file_name.format(i))            # 保存当前图形

# 使用 scitools 改编的 HTML 视频编码器创建一个 HTML 文档，将一系列帧显示为视频
# 在网络浏览器中打开 movie.html 进行查看
movie(input_files='*.jpg', output_file='movie.html')
```

要查看动画，请在网络浏览器中打开 movie.html（若要在网络浏览器中打开计算机中的文件，选择菜单选项"文件">"打开文件…"，然后选择自己创建的文件）。movie.html 文件必须与图像文件位于同一文件夹中才能正常运行。（这不是一个独立运行的视频。它只是告诉浏览器应该显示哪些图像文件以及何时显示。要分享动画，请将整个文件夹发送给朋友，或将其上传到网络服务器。）

在最后一行中，键值参数 input_files='*.jpg' 使用星号作为通配符，指示函数使用当前文件夹中具有 .jpg 扩展名的所有文件。文件按字母顺序插入视频。第 49 行的作用是格式化文件名，使字母顺序和时间顺序相同（如果使用 {:d} 格式说明符，则不会在数字前补 0，此时 10_movie.jpg 将排在 2_movie.jpg 之前）。

html_movie 模块是根据 scitools 库的 scitools.eazyviz.movie 模块改写的。scitools 是 Hans Petter Langtangen 开发的实用库 [1]。

T2 使用编码器

上面的方法可以生成一个可分享的动画，但不能创建标准视频格式的独立文件，进而嵌入网页、上传到 YouTube 或用视频软件进行编辑（例如添加配乐等）。要将动画保存为标准视频格式，必须使用视频**编码器**扩展 Python 的功能。对于 Python 而言，FFmpeg 是一个友好的选择，可以使用 conda 包管理器安装，也可以从 FFmpeg 网站下载安装。

上面 walker.py 的最后一行代码，当取消注释时，会调用 my_movie.

---

[1] scitools 是一个很有用的库，但截至目前，它与 Python 3 并不完全兼容。整个库可以在 GitHub 网站下载。另见 Langtangen，2016。

save，进而调用 FFmpeg。

要使用编码器，需要下载编码器并在操作系统上安装，然后确保 Python 可以找到它。使用包管理器是最简单的一种方法。包管理器可以自动确定运行程序所需的所有库，然后下载、安装并将所有库链接在一起，以使程序正常运行。A.4 节介绍了如何安装 FFmpeg。

成功安装 FFmpeg 后，可以取消上面 `walker.py` 最后一行代码的注释。现在，当运行脚本时，Python 将创建一个名为 random_walk.mp4 的视频文件，你可以编辑、上传并在视频播放器或网页浏览器中查看。

如果无法将 Python 链接到 FFmpeg，可以直接在操作系统的命令行（不是 IPython 控制台）运行 FFmpeg。像上面 `waves.py` 中一样，使用顺序名称制作一系列帧。然后，使用以下命令创建视频：

```
ffmpeg -i %03d_movie.jpg -pix_fmt yuv420p movie.mp4
```

`-i` 选项的作用是标识代码创建的帧的文件名；对于在 Mac 计算机上播放的视频，选项 `-pix_fmt` 可能很有用。

另外，ImageMagick 也是一个可以在命令行中创建动画的免费软件包。软件在 Image Magick 网站下载，或使用 A.4 节中所述的 `conda` 包管理器进行安装。如果已经安装 ImageMagick，则可以使用以下命令根据 `waves.py` 的输出创建 `gif` 动画：

```
convert -delay 1x24 *.jpg movie.gif
```

`-delay 1x24` 选项的作用是指示 ImageMagick 在每帧之间等待 1/24 秒，而 `*.jpg` 则是告诉 ImageMagick 以字母顺序使用所有具有 `.jpg` 扩展名的文件。你可以在任何网络浏览器中查看 `movie.gif`，也可以将其嵌入网页中。

8.3.3　结论

本章介绍了将图像转换为 NumPy 数组、将数组转换为图像以及使用 Python 创建视频的技术。在第 9 章中，我们将扩展"图像即数组"的概念，进而对实验数据进行分析。

第**9**章
第三次上机实验

在本次实验中，你需要将图像导入 Python 并显示出来。另外，你还将探索图像分析中的一个重要操作：卷积。如果你曾经用过 GIMP[①]（或其商用替代品）等图像处理软件，你可能已经使用了卷积来平滑或锐化图像，但可能你并不知道。其实，在你看任何东西的时候，你的眼睛和大脑也在做类似卷积的运算。

视觉数据并非都来自照片。许多实验测量也会产生空间点位数字数组。这些数据，如电子显微镜、计算机断层扫描和磁共振成像，可以以图像的形式传递给我们的大脑。图像处理有助于人们加深对这些图像的理解。

本次实验的目标如下：

➢ 探索各种局部平均对图像的影响；

➢ 了解如何使用平均化来减少图像中的噪声；

➢ 使用专门的滤波器来增强图像中的特定特征。

---

① GIMP 是免费软件。

9.1 卷积

Python 提供了卷积等图像处理的工具。然而，许多细节是隐藏的。在深入 Python 细节之前，我们先看一下卷积的数学定义和性质。卷积经常出现在概率、统计、信号处理和微分方程等许多应用数学领域[①]。图像数组 I 和滤波器数组 F 的二维离散卷积 C 的一般定义如下：

$$C_{i,j} = \sum_{k,\ell} F_{k,\ell} I_{i-k,j-\ell} \tag{9.1}$$

求和的范围是那些指向 F 和 I 有效元素的所有 k 和 ℓ 的值。例如，不能让 i=1、k=10，否则 I 的第一个索引是 −9（Python 可以接受负索引，但计算结果可能不符合我们的预期）。

习题 9A

> a. 考虑平凡变换，其中 F 是 1×1 的矩阵，含有一个元素，值等于 1。解释在这种情况下为什么 C 与 I 相同。
>
> b. 假设 F 的大小是 $m \times n$，I 的大小是 $M \times N$。解释为什么 C 的大小是 $(M+m-1) \times (N+n-1)$。

当使用滤波器对图像进行卷积后，会得到另一个图像。式 (9.1) 中的表达式是构建这个新图像的一组指令：为了创建 C 中的各个像素，需要从原始图像的子集中取出像素，将其乘以滤波器中各自的权重，然后将结果相加。这个方法很简单，使用不同的滤波器，得到的结果可能会截然不同。

9.1.1 Python图像处理工具

第 8 章介绍了如何使用 PyPlot 来加载、显示和保存图像。为了修改图像，我们还对数组执行了数学运算。现在我们要扩展自己的能力，导入一个具有多种图像处理功能的模块：

```
from scipy.signal import convolve
```

使用 help 了解此功能及其选项。本次实验中使用的所有滤波器都接受类似的参数。

在本次实验中，你将探索若干滤波器和卷积操作。当你进行练习时，你会看到各个操作对照片的改变。为了了解像素层面发生的情况，你可以对单

[①] 如概率分布的应用、图像处理。

个点应用相同的卷积（这就是滤波器的**脉冲响应**）。如此一来，你就可以看到滤波器的形状，并更好地理解你对照片所做的操作。

现在尝试以下代码：

```
from scipy.signal import convolve
impulse = np.zeros( (51, 51) )
impulse[25, 25] = 1.0
my_filter = np.ones( (3, 3) ) / 9
response = convolve(impulse, my_filter)
plt.figure()
plt.imshow(response)
```

滤波操作将在 9.1.2 小节中解释。现在先比较脉冲数组和响应数组。二者大小不一样。在习题 9A 中，你已经发现，用滤波器进行卷积得到的图像至少与原始图像一样大，而且通常更大。我们希望增加图像的大小吗？在数学推导中，新增的点来自哪里？

在回答这些问题之前，先回到式 (9.1)。可以看到，对于 $C_{0,0}$，k 和 ℓ 的允许值只能提供一个贡献项。同样，$C_{M+m-2, N+n-2}$ 也只有一个贡献项：

$$C_{0,0} \text{ 为 } F_{0,0} I_{0,0}$$
$$C_{M+m-2, N+n-2} \text{ 为 } F_{m-1, n-1} I_{M-1, N-1}$$

对于卷积图像边缘的点，原始图像中只有较少的点发挥了作用；对于卷积图像内部的点，原始图像中有较多的点发挥了作用。这种行为会导致卷积图像边缘失真。convolve 的默认行为是在结果数组中返回所有的点。但是裁剪边缘并仅返回卷积图像的中心部分也许更好。这有两个优点。首先，卷积图像中的每个点将使用至少四分之一的滤波器。其次，卷积不会改变原始图像的大小和形状。通过提供键值参数 *mode*='valid'，可从 convolve 获得此行为。

然而，即使进行了裁剪，边缘点不同于中心点，必须使用不同的方式进行处理。convolve 及相关库提供了若干选项。最简单的方法是假定图像被无限的黑色边框包围。这意味着可以有效地将图像数组放大到所需的大小，以便在卷积操作中为每个像素提供相同数量的点，并将所有新点的值设置为 0。这是 convolve 的默认行为[1]。

---

① [T2] 要获得更多选项，请改用 scipy.signal.convolve2d。可以使用 *boundary* 和 *fillvalue* 键值参数来控制对边缘点的处理。

9.1.2　平均化

如上面的脉冲响应示例所示，一个非常简单的滤波器仅为固定区域中的每个像素分配相同的权重。卷积图像中的每个像素是原始图像中其相邻像素的平均值。

作业

按照 4.1 节的说明获取 16catphoto 数据集。将 bwCat.tif、gauss_filter.csv 和 README.txt 文件复制到工作目录中。使用 np.loadtxt 加载数组，并使用 plt.imread 将图像加载到数组中（见 4.1.2 小节和 8.1.1 小节）。

a. 创建一个 3×3 的数组 my_filter，其中每个元素都等于 1/9。我们将这个数组称为"小方形滤波器"。为什么选择 1/9 的值是合理的？

b. 使用 convolve 将新滤波器与下载的图像进行卷积，并显示结果。图像会有怎样的变化？提示：为了方便比较，在显示第二张图之前使用 plt.figure() 创建新图，从而保留前一张图。另外，也可以使用 plt.subplots 将这些图并排显示（请参阅 help(plt.subplots) 和 4.3.9 小节）。创建的每个图必须单独设置色图（请参阅 help(plt.colormaps)）。

c. 使用 15×15 的数组（"大方形滤波器"）重复 a 部分。使用的常数值一定要适合这个较大的数组。图像会有怎样的变化？它与小滤波器的结果相比如何？

d. 根据式 (9.1) 中的定义，使用小方形滤波器和原始图像数组的元素，推导卷积图像中特定像素（例如 (100, 100)）值的表达式。证明该值是原始图像中若干相邻像素的平均值。

9.1.3　使用高斯滤波器平滑图像

现在来看一个更复杂的滤波器，称为高斯滤波器。将 gauss_filter.csv 加载到名为 gauss 的 NumPy 数组中。然后，查看 6.4.3 小节，回顾 plot_surface 函数。

作业

　　a. 显示原始图像的高斯卷积。

　　b. 使用 `plt.imshow` 来比较高斯滤波器对单个点的卷积和 9.1.2 小节作业 b 中所用方形滤波器对单个点的卷积。上面的脉冲滤波器是黑色背景下单个点的图像。

　　c. 使用 `plot_surface` 查看 b 部分的三维卷积图像。这实际上是滤波器本身的图像。用卷积的定义来解释原因。然后，解释高斯滤波器卷积与方形滤波器卷积的不同之处。什么时候使用高斯滤波器而不使用方形滤波器？

9.2 图像去噪

　　测量仪器，包括人的眼睛，不可避免地会引入一些随机性，即"噪声"。在导入的原始图像上制作一个带噪声的版本，就可以模拟这种效果。为此，可将原始图像中的每个像素乘以一个随机数。

作业

　　a. 将原始图像的每个像素乘以 0~1 的随机数。将此噪声图像与原始图像进行比较。

　　b. 将 9.1.2 小节和 9.1.3 小节中的 3 个滤波器（小方形、大方形、高斯）分别应用于 a 部分的噪声图像。它们是否改善了图像？如果是，哪一个效果最好？为什么？放大结果图像的局部区域。在这个尺度下，三者相比如何？

9.3 增强特征

　　你可能听过新闻人士说"美国宇航局喷气推进实验室的极客们已经增强了这些图像"之类的话，让我们做些类似的事情。

　　在"特征"（我们感兴趣的真实事物）和"噪声"（随机事物）之间，实验图像可能包含真实的、但我们不感兴趣的事物。我们可能希望淡化这些事物，或者我们可能希望量化一些视觉特征。A. Zemel 及其合著者在制作间充质干细胞荧光图像时遇到了这种情况。当受到机械应力（拉伸）时，细胞会极化："应力纤维"的内部网络开始沿拉伸方向排列[①]。Zemel 及其合著者试图量化细胞中每个点的细胞极化程度。

按照 4.1 节的说明获取 17stressFibers 数据集。将 README.txt 和 stressFibers.csv 复制到工作目录中。

加载并绘制数据。图像显示了应力纤维。现在，我们将构造一个滤波器并将其应用于增强垂直方向上的细长对象。

作业

a. 执行以下代码，然后绘制滤波器的曲面图。描述其重要特征。

```
# convolution.py
v = np.arange(-25, 26)
X, Y = np.meshgrid(v, v)
gauss_filter = np.exp(-0.5*(X**2/2 + Y**2/45))
```

b. 使用下面的"黑盒"代码修改 a 部分的滤波器，得到滤波器后绘制其曲面图。比较和对比 combined_filter 和 gauss_filter。

```
laplace_filter = np.array( [ [0, -1, 0], [-1, 4, -1], [0,
-1, 0] ] )
combined_filter = convolve(gauss_filter, laplace_filter,
mode='valid')
```

gauss_filter 矩阵可增强细长和垂直方向的特征。其他特征则被平均化。combined_filter 数组可增强这些对象的边缘[②]。

c. 现在使用 convolve 将滤波器应用于纤维图像，显示结果，并进行评论。你可能会注意到滤波后的图像对比度较差。卷积后，分配给某些像素的值非常大或非常负，但大多数点位于极值之间的狭窄范围内。Python 使用其灰度在这些极值之间进行插值，使大多数点的灰度处于范围

---

① 使用非肌肉肌球蛋白 2A 的荧光标签来标记应力纤维。
② [T2]拉普拉斯滤波器用于增强边缘，但对噪声敏感。高斯滤波器用于平滑噪声和边缘。将两者结合起来，可创建拉普拉斯高斯滤波器，该滤波器在抑制噪声的同时增强边缘。这里使用"拉长的"高斯滤波器，它可以增强具有特定对齐方式的对象的边缘。

的中间。你可以通过进一步修改来突出希望增强的特征 [①]：

```
plt.imshow(image, vmin=0, vmax=0.5*image.max())
```

d. 要增强**水平**对象，可使用不同的 gauss_filter 选项重复上述步骤。如果可以，请再制作两个滤波器，分别增强两个对角线方向的对象。

9.4　$\boxed{T_2}$图像文件和数组

当把图像加载到数组时，Python 并不知道数组代表图像。它将对"图像数组"应用普通数组所适用的算术规则，包括更改数组的数据类型。例如，如果将无符号整数数组（uint8）乘以浮点数组（float64），NumPy 将返回浮点数组。对于 Python 绘图，这通常不是问题。但是，如果你计划在其他应用程序中处理转换后的图像，则可能会出问题。

有些图像处理操作需要使用 uint8 数组。此外，数组的数据类型还可用于控制如何将数组保存到图像文件中。Pillow 库将 float64 数组保存到 4 通道 TIFF，将 uint8 数组保存到单通道灰度 TIFF。黑白图像可能会在无意中转换成全彩图像！

我们在 9.2 节中看到了这样的一个例子。np.random.random 的默认返回值是均值为 0.5 的随机浮点数。如果将图像乘以这种类型的随机数组，会发生 3 件事：生成的图像会变暗，其最大值将小于 255，生成的数组将包含浮点数而不是整数。对于某些操作，例如使用一些特定的滤波器进行卷积，数组的某些元素甚至可能会是负数。如果应用程序要求输入像 plt.imread 返回的数组（数组元素是 0~255 的整数），那么像这样的负数数组可能会在应用程序中引起问题。

我们可以通过以下 3 个步骤将任意数组转换为正确的图像格式。

（1）将数组的最小值转换为零。也就是说，找到数组的最小值，然后从每个元素中减去该值。

（2）按比例调节数组，使其最大值为 255。

---

① $\boxed{T_2}$键值参数实现了"窗口 / 级别转换"。亮度小于 *vmin* 的像素显示为黑色，亮度大于 *vmax* 的像素显示为白色，亮度介于这些极值之间的像素显示为灰色。这种转换可增强感兴趣范围内的对比度，而忽略该范围以外的特征。

（3）使用数组的 astype 方法将数据类型更改为 uint8：a=a. astype('uint8')。

scipy.ndimage 库包含许多图像处理函数，包括可保留图像数据类型的卷积和滤波器。如果图像文件需要保留 uint8 图像格式，不妨试试此库。不过，请一定要查阅文档。scipy.ndimage.convolve 的默认行为与 scipy.signal.convolve 不同。

第**10**章
高阶技术

初见前路近可见，细思百事静待忙。

——艾伦·图灵

本章旨在介绍物理建模的复杂工具和技术。首次阅读时可以跳过。仅仅使用所学知识就已经可以做很多事情！

为了阐述本章的要点，我们将开发一个案例研究，内容涉及物理学、化学甚至金融领域中出现的"首次通过"问题。首先，我们会描述一些 Python 数据结构和语法来简化和组织大型程序并进行模拟。接下来，我们会介绍 Python 数据科学工具。然后，我们介绍计算机代数，使用符号而不是数字进行运算。最后，我们将向你展示如何使用 Python 编写自己的类以及这样做的原因。

10.1　字典和生成器

数据结构用于组织程序中的数据。没有一种数据结构是优于所有其他数据结构的，每种数据结构都有自己的优点和缺点。我们已经学习了 Python 的一些内置数据结构，例如列表、字符串和元组。但我们重点关注了 NumPy 数组，因为这是许多科学计算的基石。对于大型数据集，数值数组可以有效利用内存，并可以对数组元素进行快速并行计算。然而，在插入和删除元素时，数值数组不如列表有效，而且数值数组不适合处理文本。我们使用字符串来处理文本。为一个任务选择正确的数据结构可以简化代码、提高性能并减少错误。

在这一节中，我们将讨论一种更有用的数据结构：字典。然后，我们将介绍一种创建列表的有用快捷方式。最后，我们将介绍将参数集合传递给函数的便捷方法。

首次通过

假设你想知道一个粒子在一维随机游走中从初始位置到达右侧 100 步所需要的时间[1]。这是一个不太可能发生的事件，除非经过足够多的步数（在 100 步之后，概率只有 $1/2^{100}$）。我们不知道总共需要多少步，也不知道某些粒子是否永远不会到达这一点。不过，我们可以把步数限制在一个有限的大数 N 内，然后确定一个粒子何时（如果有）首次通过 $x=100$ 或其他目标距离 L。为了不失一般性，我们还引入了第三个参数，以便探索有偏随机游走：

```
# first_passage.py
def first_passage(N, L, p=0.5, message=False):
    """
    返回首次通过 x==L 时的步数
    如果超过 N 步则放弃，并返回 np.nan

    游走者向右游走的概率为 p

    使用 message=True 显示结果
    """
    rng = np.random.default_rng()            # 创建随机数生成器对象
    dx = 2*(rng.random(N) < p) - 1           # 各个步子
    x = np.cumsum(dx)                        # 每一步后的位置
    at_target = np.nonzero(x==L)[0]          # x == L 时的索引

    if at_target.size > 0:
        n = at_target[0] + 1
        if message:
            print("First passage of x={} occurred after {} steps.".format(L, n))
```

---

[1]　6.2.2 小节和第 7 章介绍了随机游走。

```
        return n
else:
    if message:
        print("Did not reach x={} after {} steps.".format(L, N))
    return np.nan
```

稍后我们会把这个函数放在大型 for 循环中，因此默认情况下 print 命令是禁用的。传递键值参数 message=True 即可显示结果的相关消息。

调用 first_passage(10**6,100,message=True) 几次后就可以发现，有时即使游走 100 万步之后也无法到达目标，但在大多数情况下，只需要游走较少的步数就可以到达目标。

我们将在此模拟的基础上演示字典、生成器、数据科学库和 Python 类的使用。

10.1.1 字典

对于数组或列表，我们使用索引来查找元素。给 Python 提供一个整数，Python 使用这个整数来报告数组中特定位置存储的内容。例如，x[3] 返回数组 x 或列表 x 的第四个元素[1]。这种方案适用于有序的数值数据，例如输入范围内的函数值。但有时，将数据存储为**键值对**更方便。在这种情况下，**字典**就是合适的数据结构。

假设我们希望存储"首次通过问题"的输入参数。一种方法是为每个参数分配给一个变量：

```
N = 1000
L = 10
p = 0.5
```

调用 first_passage(N,L,p) 将使用这些参数值运行模拟。如果要使用不同参数运行多个模拟或使用相同参数运行多个模拟，那么这种简单的方法可能会变得非常麻烦。虽然最后你会得到许多结果，但你必须跟踪哪些结果来自哪组参数。

你可以把工作记录在实验笔记本上。但更优雅的方法是创建一个 Python 字典来存储参数：

---

[1] 回顾一下，Python 的索引是基于偏移量的概念（2.2.5 小节）。数组中的第一个元素是 x[0]，因此 x[3] 是 x[0] 之后的第三个元素，即数组中的第四个元素。

```
parametersA = { 'N': 1000, 'L': 10, 'p': 0.5 }
```

parametersA 以键值对的形式存储数据。**键**用于查找元素，**值**与键相关联。通过提供键可以查找值：

```
print(parametersA['N'])
print(parametersA['p'])
```

字典属于可变对象，因此你可以改变它的值：

```
print(parametersA['L'])
parametersA['L'] = 20
print(parametersA['L'])
```

这个示例展示了构造字典的最简单方法：一系列"**键：值**"形式的对，以逗号分隔，用花括号括起来。键可以使用任何不可变对象：字符串、整数、浮点数和元组。任何 Python 对象，无论是否可变，都可以存储为值。可以在方括号中提供键作为索引来查找元素，就像为数组提供索引来查找元素一样。

构造字典的第二种方法类似于函数的键值参数[①]：

```
parametersB = dict( N=1000, L=10, p=0.5 )
```

第二种方法很方便，因为构造字典就像调用函数一样。这种联系并非表面上的联系。我们稍后会看到，字典可以传递给函数，并作为一组键值参数进行解包。

遍历字典有 3 种常见方法。

```
# 键的遍历
for k in parametersA.keys(): print( "{} = {}".format(k, parametersA[k]) )

# 值的遍历
for v in parametersA.values(): print( "{} squared is {}".format(v, v**2) )

# 键值对的遍历
for k,v in parametersA.items(): print( "The value of {} is {}.".format(k,v) )
```

字典中键和值的打印顺序可能与创建字典时使用的顺序不同。

何时应该使用字典？如果有一个无序的数据集，可以表示为键和值的集

---

① 见 6.1.3 小节。

合，请考虑使用字典而不是列表或数组。特别要注意的是以下内容。

> 当检查一个字典时，例如使用 print 语句，将键和值一起查看有助于理解所看到的内容。
> 字典允许快速插入、删除和搜索，即使元素数量很大也能如此[①]。
> 字典是存储大型稀疏矩阵的一种有效方法。如果数组很大，而且大多数值都为零，例如超大图的邻接矩阵，那么使用非零索引作为键、元素作为值可以节省大量内存和搜索时间。
> 字典可以方便地存储模拟的参数。我们现在举例说明。

你可以在脚本中，甚至是在 IPython 命令提示符中使用字典组织数据。

尝试以下代码：

```
data = {}
data['A'] = {'input': parametersA,
             'results': first_passage(parametersA['N'],
                                      parametersA['L'],
                                      parametersA['p']) }
data['B'] = {'input': parametersB,
             'results': first_passage(parametersB['N'],
                                      parametersB['L'],
                                      parametersB['p']) }
print(data)
```

在本例中，data 是一个字典，其中两个元素本身也是字典，每个字典有两个子元素[②]。注意，与列表或数组不同，赋值的目标可以是字典中尚不存在的元素，也就是说你可以为字典赋予不存在的元素。但是，如果请求的元素不存在，就会出现 KeyError。输入 data['C'] 并按 <Return> 键，可以看到这种错误。

现在，我们可以在一个易于访问的对象中存储两个完整的模拟。必要时，我们可以检查给定结果的输入参数。如果发现有趣的结果，我们可以使用特定的输入参数添加更多的模拟。

由于我们开始要为示例问题生成更多数据，接下来介绍的 Python 方法可以简化输入，并生成更可复制的代码。

---

① [T2]数据存储在无序哈希表中。无论字典的大小如何，查找、插入和删除的时间复杂度均为 $O(1)$。
② 其中一个子元素仍是字典，且又有 3 个子元素！

10.1.2 特殊函数参数

星号表达式

在前面几章中，我们使用了不同的参数调用 plt.plot，但每次都能根据选项要求得到图形。通过查看 Python 的内置帮助或者其在线资源，我们还注意到一些奇怪的参数。例如，从 help(plt.plot) 的输出中，我们可以看到以 *args 开头的通用参数列表。在帮助文本中，*args 表示"任意数量的位置参数"。因此，plt.plot(x,np.sin(x)) 和 plt.plot(x,np.sin(x),'r-',x,np.cos(x),'g--') 都可以正常工作。如果需要，我们还可以添加更多元素。帮助文本中最后提到的 **kwargs，我们稍后再看。这里先仔细研究 *args。

你可以自己使用星号语法：如果创建一个名为 myargs 的列表，则可以将其各个元素而不是整个列表作为参数以 *myargs 的形式传递给函数[①]。例如，在调用绘图命令之前，可以使用以下方式组织函数和格式：

```
t = np.linspace(-2*np.pi, 2*np.pi, 201)
line1 = [t, np.sin(t), 'r-']    #将范围、函数和格式存储在列表中
line2 = [t, np.cos(t), 'k--']
plt.plot(*line1, *line2)
```

上面的代码将每组绘图参数放入一个列表中，然后使用**星号表达式**将它们传递给 plt.plot。有了这种语法，你可以在多个绘图命令中使用相同的参数，而无须在多个位置显式地输入它们，因此可以保持统一的样式（一次定义，经常重用）。

> 星号参数表示"将该对象的每个元素作为单独的位置参数使用"。

星号表达式可以用于任何带位置参数的函数。下面使用此语法多次调用 first_passage：

```
parametersC = (1000, 25, 0.5, True)
for i in range(20): first_passage(*parametersC)
print(parametersC)
```

parametersC 的第四个元素用于指示 first_passage 打印结果。

---

① 还可以使用元组、数组或字符串。

双星号表达式

虽然星号表达式很方便，但刚才给出的例子有点隐晦。输入参数的含义并不明确。另一种特殊的参数是**双星号表达式**，它允许我们通过字典传递键值参数。

在 Python 文档中，`**kwargs` 表示"无或任意数量的键值对"。我们已经在许多绘图命令中使用了此选项：

```
plt.plot(x, np.sin(x), linewidth=4, label='Sine Wave')
```

`plt.plot` 的文档提到了 `linewidth`、`label` 以及许多其他未出现在 `plt.plot` 参数列表中的键值参数。这些都包含在 `**kwargs` 中。

可以使用双星号语法将键值对集合通过字典传递给函数。

```
parametersD = dict(N=1000, L=25, p=0.5, message=True)
for i in range(20): first_passage(**parametersD)
print(parametersD)
```

和上面使用 `*args` 一样，这种双星号语法同样可以节省每次调用 `first_passage` 时的输入。如前所述，`print(parametersD)` 提供的信息量也比 `print(parametersC)` 更多。

> 双星号参数表示"将本词典的每个元素作为单独的键值参数使用"。

通过使用 `*args` 和 `**kwargs` 语法，你可以编写自己的函数来接受可变数量的位置参数和键值参数。

10.1.3 列表推导式和生成器

当运行上述示例代码时，关于随机游走者到达目标的时间以及它未能到达目标的频率，你可能会注意到其中的一些趋势和惊喜。为了进一步分析，下一步是建立一个数据集，并尝试从定量的角度来理解这些趋势。

一种方法是使用 `for` 循环将结果列表填充到 `data` 字典中。

```
samples = 100
data['A']['results'] = []          # 创建空列表来存储数据
data['B']['results'] = []
for i in range(samples):
    # 将新的模拟结果追加到现有列表中
    data['A']['results'] += [first_passage(**data['A']['input'])]
```

```
            data['B']['results'] += [first_passage(**data['B']['input'])]
print(data['A']['results'])
print(data['B']['results'])
```

之所以使用列表，是为了扩展数据集。再次运行循环可向数据集再添加 100 个点。但不要运行最上面的代码行，否则会清除结果！

列表推导式

创建 Python 列表还有另一种方法：

```
squares = [n**2 for n in range(100)]
```

这种构造被称为**列表推导式**。列表推导式对 Python 编程来说不是必需的，使用 for 循环可以完成同样的事情。但是列表推导式的语法清晰而简洁。

> 一个列表推导式是一个用方括号括起来的单行 for
> 循环。

回到刚才的案例研究。我们可以使用列表推导式将整个模拟用几行代码组织起来。全部代码如下：

```
# data_dictionary.py
data = {}                    # 存储所有数据的空字典
data['A'] = {}               # data 内部的空字典，用于存储模拟 A
data['B'] = {}               # data 内部的空字典，用于存储模拟 B

# 定义并运行模拟
samples = 500

data['A']['input'] = dict(N=1000, L=10, p=0.5)
data['A']['results'] = \
    [ first_passage(**data['A']['input']) for n in range(samples) ]

data['B']['input'] = dict(N=1000, L=20, p=0.5)
data['B']['results'] = \
    [ first_passage(**data['B']['input']) for n in range(samples) ]

# 运行更多模拟。使用 "+=" 将新列表追加到旧列表
data['A']['results'] += \
    [ first_passage(**data['A']['input']) for n in range(samples) ]

data['B']['results'] += \
    [ first_passage(**data['B']['input']) for n in range(samples) ]
```

习题 10A

> 现在，对于研究"首次通过问题"，我们已经有了初步的数据集。请使用不同参数添加更多的模拟。生成更多步数和不同目标距离的随机游走。将它们全部存储在同一个字典中。

生成器

列表推导式描述了一类更广义的 Python 对象，这些对象在管理程序内存时可能非常有用。

看到像 x = [n**2 for n in range(20)] 这样的表达式，你可能会问自己，"括号里到底是什么？"对于人类读者而言，它的含义可能足够清楚，但它不是列表、字符串或数组。在列表定义的内部，"n**2 for n in range(20)"称为生成器表达式。它指定了一个叫作**生成器**的对象。和许多生成器一样，这个生成器是使用 range 构建的。range 不是生成器、列表或数组。但 range 创建了另一种类型的 Python 对象，可以产生一系列整数 ①。你可以把生成器或者 range 对象想象成指定生成序列的规则，而不是存储该序列的实际元素。

脱离列表也可以创建生成器：

```
G = ( n**2 for n in range(100) )
print( type(G) )
```

上面的打印命令表明，尽管 G 有圆括号，但它不是元组。生成器不同于元组、列表或数组，不能被索引，G[0] 将引发异常。生成器只能按照自己的规则返回序列的下一个元素：

```
print(next(G))
print(next(G))
print(next(G))
```

当运行这些命令时，你会看到，每次对 G 调用 Python 内置的 next 函数时，就会得到平方数序列中的下一项。我们可以不停地调用 next(G)，直到到达序列的末尾——在这里是整数 $99^2 = 9801$。在此之后，调用 next(G) 将引发 StopIteration 异常。

为什么要使用生成器？生成器的实用性在于其紧凑性。生成器体现了计

---

① 在 Python 3 中，range 创建一个 range 对象。在 Python 2.7 中，range 创建一个整数列表。Python 2.7 中 xrange 的行为与 Python 3 中 range 的行为一样。

算机科学中一个被称为延迟计算的概念。Python 不是对整个序列进行计算和存储，而是在需要的时候（因此只在需要的时候）对序列中的元素进行计算。虽然计算机内存很便宜，但是如果计算中对象所需的存储空间超过计算机的可用内存，那么完成计算所需的时间就会急剧上升。

假设你需要 100 万个随机数。你可以将所有这些数字存储在数组或列表中，也可以使用生成器按需生成它们。下面的示例使用内置的 __sizeof__() 方法显示每个对象的大小，单位为字节：

```
N = 10**6                                   # 数据点数量
rng = np.random.default_rng()               # 创建随机数生成器对象

r_array = rng.random(N)                     # 存储在 NumPy 数组中
r_list = [ rng.random() for n in range(N) ] # 存储在 Python 列表中
r_iter = ( rng.random() for n in range(N) ) # 存储在生成器中

print( "Size of array: {}".format( r_array.__sizeof__() ) )
print( "Size of list: {}".format( r_list.__sizeof__() ) )
print( "Size of generator: {}".format( r_iter.__sizeof__() ) )
```

可以看到，NumPy 数组和 Python 列表分别需要超过 8 MB 的内存来存储数据，而生成器只需要 96 字节！但是，这种节约是有代价的。你不能对使用了生成器的代码进行向量化，也不能使用索引访问任意元素。但是，如果一次只需要值序列中的一个值，则可以使用生成器释放内存。另外，如果不一定需要序列中的所有元素，这种方法也很有用。

> 如果只是为了遍历，不要创建超大数组或列表，而是使用 range 或生成器。

随着技术的发展，"超大"的标准也会随之改变，但原则仍然适用[①]。

枚举

数组、字符串、列表、元组、字典、范围对象、生成器以及许多其他 Python 对象都可以在 for 循环中进行扫描，语法为"for 元素 in 对象"。任何这样的对象称为**可迭代对象**，因为你可以"迭代"它的元素（按顺序访问它们）。有些可迭代对象的元素之间没有自然顺序，例如字典的键。不过，访问集合时对元素进行计数（**枚举**）通常很有用。Python 提供了一个名为 enumerate 的内置函数，可以做到这一点。

---

① 在配备 8 GB RAM 的笔记本电脑上运行 Python，"超大"的 NumPy 数组大约有 1000 万个元素。

```
L = [ n**2 for n in range(10) ]
for x in enumerate(L): print(x)
```

从这个例子中我们可以看到，enumerate 接受一个可迭代对象（这里是列表 L），并返回一个新的可迭代对象，由元组组成。每个元组的第一项是一个整数计数器，第二项是 L 中对应的元素。通过解包元组，我们可以将计数器和元素分开，并独立使用它们。enumerate 的行为对于任何类型的可迭代对象都是相同的。

当要将一个集合中的元素与另一个集合中的元素关联起来时，例如字典的键和数组的列、文件的行和列表的元素、函数和子图等，枚举就会非常有用。下面的例子使用字典的键作为绘图中各个函数的标签和各个子图的标题：

```
theta = np.linspace(-2*np.pi, 2*np.pi, 201)
functions = { r"$\sin \theta$": np.sin(theta),
              r"$\sin^2 \theta$": np.sin(theta)**2,
              r"$\cos \theta$": np.cos(theta),
              r"$\cos^2 \theta$": np.cos(theta)**2 }
styles = ['r-', 'g--', 'b:', 'k-.']

# 在同一图窗中绘制函数及标签
plt.figure()
for n, k in enumerate(functions.keys()):
    plt.plot(theta, functions[k], styles[n], label=k)
plt.legend()

# 在单独的子图中绘制函数及标题
fig, ax = plt.subplots(2, 2, sharex=True, sharey=True)
for n, k in enumerate(functions.keys()):
    I, J = n // 2, n % 2      # 使用模运算得到子图索引
    ax[I, J].plot(theta, functions[k])
    ax[I, J].set_title(k)
```

NumPy 提供了一个相关的函数 np.ndenumerate，可以生成 ndarray 的索引和元素。另外，np.ndindex 只生成给定形状的索引。

```
the_shape = (4, 4)
R = np.random.random(the_shape)
for I, r in np.ndenumerate(R):
    print("The element at {} is {:.3f}.".format(I, r))
```

```
R1 = np.random.random(the_shape)
R2 = np.random.random(the_shape)
for I in np.ndindex(the_shape):
    print( "The elements at {} are {:.3f} and {:.3f}.".format(I, R1[I],
    R2[I]) )
```

当同时遍历多个对象时，enumerate 及其相关函数就会非常有用。

10.2　数据科学工具

Python 是一个非常流行的数据科学、机器学习和深度学习平台。虽然对这些主题的全面讨论超出了本书的范围，但我们可以快速了解一下 Python 的基本工具——pandas 和 scikit-learn 库。它们包含在 pandas 和 sklearn 模块中[①]。我们会在继续探究"首次通过"案例研究时运用这些工具。

10.2.1　用 pandas 构建序列和数据帧

对于数组和矩阵形式的数值数据，NumPy 数组是一种非常有用的数据结构。但是，这种结构是刚性的，所有元素都必须具有相同的数据类型，而且内部的数据无法添加标签。例如，如果从电子表格中导入数据，则必须在其他地方（也许是一个单独的 readme.txt 文件）跟踪列标签。即使导入数值也是一个挑战。如果电子表格中有空列，使用 np.loadtxt（4.1.2 小节）导入可能会出现错误。所有这些挑战都是数据科学日常工作流程的一部分，为此 Python 生态系统已经开发了一套特殊的工具来解决这些问题。这些工具大多是 pandas 库的一部分。我们这里只介绍 pandas 库中最基础的部分：Series 和 DataFrame 对象。

首先，我们将数据点列表转换为 NumPy 数组和 pandas Series 对象，以了解二者的一些相似之处和不同之处：

```
import pandas as pd

dataArray = np.array( data['A']['results'] )
dataSeries = pd.Series( data['A']['results'] )
```

[①]　如果安装了完整的 Anaconda，那么你已经拥有了这些库（见附录 A）。如果没有安装，那么在尝试本节练习之前，需要在命令行中运行"conda install pandas scikit-learn seaborn"。

```
print(dataArray)
print(dataSeries)
```

你会看到，两者的输出会有轻微的不同，但是我们创建的这两个对象乍看之下又非常相似。它们确实非常相似。从 help(pd.Series) 可以得知，一个序列是指"带有轴标签的一维数组"。实际上，NumPy 数组能做的，序列都能做。

但是经过仔细检查后，Series 对象还有其他方法，即使对于同名的方法，其行为也有略微不同。例如，我们来看随机游走的统计数据：

```
print("Average steps to reach x={} ...".format(data['A']['input']['L']))
print("ndarray: ", dataArray.mean())
print("Series: ", dataSeries.mean())
```

这里我们已经看到了二者行为的差异。当随机游走者未能到达目标时，first_passage 返回 np.nan。这表示数据点无效。NumPy 不希望这些值被隐藏起来，因为它们通常表示数值计算出错。因此，NumPy 会将它们传播到计算中：np.nan+1 得到 np.nan，2*np.nan 得到 np.nan，等等。因此，当计算平均步数时，ndarray 返回 np.nan。相比之下，pandas Series 则会返回数值。这是因为数据科学家经常遇到有缺失的数据或格式不良的数据集。在 pandas 中，默认行为是忽略 np.nan，并在计算中删除这些元素。在大多数情况下这可以简化我们的工作，但如果 np.nan 的值意味着缺失数据以外的其他内容，就可能会使数据集产生统计偏差，正如上述问题中所示。尽管如此，知道在少于 1000 步的随机游走者中到达 $x = 10$ 的平均步数总比一无所知要好。

在数据科学中，计算某列数字的统计数据是一项非常常见的任务，因此 pandas 的序列（series）对象提供了一个方便的函数来计算统计数据：dataSeries.describe() 将打印出一个关于其中数据的简短报告。序列对象还提供了自己的绘图函数：dataSeries.hist() 将绘制数据的直方图；dataSeries.plot(kind = 'density') 将估计并绘制数据的概率密度函数。不妨使用这些方法来探究迄今为止收集的"首次通过"数据。

Series 是一种非常有用的数据结构，但 Python 在数据科学方向的主力是 DataFrame。DataFrame 是一种二维数据表，类似于电子表格。你可以访问行或列，将函数应用于数据范围，进行搜索、排序、绘图等。同样，DataFrame 也与二维 NumPy 数组有相似之处。不过，你可以使用不

同的数据类型，通过行和列标签或整数索引访问数据。下面我们来构建一个
DataFrame 来熟悉这种数据结构。

构造 DataFrame 有多种方法。最简单的一种方法是提供一个字典，其
键是列标签，其值是列的元素。

```
df = pd.DataFrame({ 'L=10':data['A']['results'], 'L=20':data['B']
['results'] })
print(df.head())
```

在最后一行中，head() 是 Series 和 DataFrame 对象的一个方法，可
以提取前几个条目（同样，tail() 则可以提取后几个条目）。这是检查数据帧
（data frame）内容的实用方法，也是检查创建或导入数据帧是否成功的良好
方法。你可以添加更多的列，就像在字典中添加新元素一样：

```
df['L=30'] = pd.Series([ first_passage(N=1000,L=30,p=0.5) for n in
range(2000)])
```

尝试对数据帧运行分析函数：

```
df.describe()
df.hist()
df.plot(kind='density')
```

我们得到了数据集中每一列的单独分析。

习题 10B

> 解释一下，随着目标距离的增加，统计数据在何种意义上变得更糟。
> 为了解决这个问题，可以重复构建数据集，但使用更多的步数和更多的数
> 据点：N=10**6 和 samples=10**5。创建直方图和概率密度图。描述你
> 在增加 L 时看到的数据趋势。

pandas 可以将"序列"和"数据帧"读写到各种格式，但逗号分隔值文
件（.csv）是数据科学的标准选择。要以此格式保存数据集，请使用 to_
csv() 方法；要加载数据集，请使用 read_csv 函数：

```
df.to_csv("first_passage.csv", index=False)
backup = pd.read_csv("first_passage.csv")
```

你可以通过检查、绘图或统计分析来验证 df 和 backup 是否包
含相同的数据。（像 df==backup 这样的直接测试是不可行的，因为

np.nan==np.nan 的计算结果为 False。)

对于 pandas，我们这里只能浅尝辄止，但这些对你在工作中使用 Series 和 DataFrame 对象已经足够。这些对象在处理超大数据集时非常有效，它们结合了电子表格、数据库和数字数组的许多有用特性。help() 文档非常详尽，而且包含许多有用的示例。

10.2.2 使用 scikit-learn 进行机器学习

在分析实验数据或数值数据时，我们经常希望将模型与数据进行拟合。为此需要对模型参数进行调整，从而使模型的预测与数据尽可能接近（第5章介绍了手动拟合）。模型参数调整好后，就可以用模型来预测新测量的值或对新测量进行分类。例如，我们可以使用对彗星位置的一系列测量来创建彗星围绕太阳轨道的模型，然后使用这个模型来预测彗星何时回归。再如，我们可以测量一种材料在不同温度和压力下的电导率，并用模型来构建相图，进而预测其他温度和压力是否会导致超导。

使用数据进行预测是非常普遍的现象，远远超出了自然科学的范畴。这一过程称为**机器学习**，人们为此开发了一套数学工具。pandas 库的设计宗旨是读取、写入和分析数据。scikit-learn 库的设计宗旨进行机器学习（我们直接用模块名 sklearn 来称呼它）。这两个库可以很好地协同工作。在本节中，我们将使用线性回归模型来研究"首次通过"数据。不过，sklearn 中的许多其他模型都使用相同的协议，因此你可以调整这些示例代码，在同样的数据上探索其他模型。

线性回归是将直线拟合到数据集的过程，实验室学生都很熟悉。有时我们用尺子尝试拟合，但更多的时候，我们使用软件进行拟合。下面来看这个过程在 sklearn 中是如何工作的。我们会将 3 个线性模型拟合到首次通过数据，以更好地理解 N 步之后首次达到 $x = L$ 的概率。

第一步是导入要使用的模型并创建一个实例。线性回归属于 sklearn 的 linear_model 模块。

```
from sklearn.linear_model import LinearRegression
model = LinearRegression()
```

下一步是准备数据。sklearn 的模型对数据集的形状有特别要求，但不同模型的要求是一致的。每个数据点被假定为 $(x_1, x_2, \cdots, x_N, y_1, y_2, \cdots, y_M)$ 的形式。$\{x_i\}$ 是输入（自变量），在当前数据科学语言中通常称为"特征"。$\{y_i\}$ 是输出（因变量），通常称为"目标"。模型的目标是根据"训练数据"（已知特征/目标数据集）预测新特征集的目标。

线性回归模型使用最小二乘法来进行预测。为了将训练数据传递给模型，我们必须将它分成两个数组：X 和 Y。在数组 X 中，每一行是每次测量的一组特征；在数组 Y 中，每一行是对应的一组目标。

对于首次通过问题，我们可以将数据分箱，并尝试将每个箱中的计数与其中点进行拟合。这将为我们提供一个模型，用于计算 N 步之后首次到达 $x = L$ 的概率：

```
steps = df['L=10'].dropna()              #丢弃未到达 L 的游走
counts, edges = np.histogram( steps, bins=20)
centers = 0.5*(edges[:-1] + edges[1:])   #使用分箱的中心作为特征

#准备模型数据
X = centers.reshape(-1, 1)               #将一维数组重塑为列向量
Y = counts
```

必须将分箱位置数组重塑为列向量（见 2.2.9 小节）。现在我们可以将模型与数据进行拟合：

```
model.fit(X, Y)
```

似乎什么都没有发生。不过，模型通过调整内部参数"训练"了自己。你可以使用数据字段访问那些参数：

```
print(model.coef_)
print(model.intercept_)
```

直线的斜率存储在 model.coef_ 中，截距存储在 model.intercept_ 中（名称后的下画线是一种约定，表示这些数据字段不应修改）。我们可以让模型评估它与数据的拟合程度：

```
model.score(X, Y)
```

这将返回"判定系数"，有时也称为"R^2 值"。值为 +1 表示线性拟合度完美，值接近 0 或低于 0 表示线性拟合度不佳。这里的拟合度较差，因为关系不是线性的。这可以从图中明显看出：

```
xFit = np.linspace(X.min(), X.max(), 201).reshape(-1, 1)
```

```
yFit = model.predict(xFit)
plt.figure()
plt.plot(X, Y, 'ro', label="Data")
plt.plot(xFit, yFit, 'k-', label="Fit")
plt.legend()
```

上面的例子显示了如何使用模型来预测新数据点的值：将点数组传递给模型的 `predict` 方法。

我们可以通过线性模型探索许多数学关系[①]。如果 $y=Ae^x$，那么预计 $\ln y$ 和 x 之间存在线性关系。如果 $y=Ax^b$，那么预计 $\ln y$ 和 $\ln x$ 之间存在线性关系。我们可以快速探索这些关系，如下所示：

```
# 在更小范围内对数据进行分箱
steps = df['L=10'].dropna()                # 丢弃未到达 L 的游走
counts, mybins = np.histogram(steps, bins=20)
centers = 0.5*(mybins[:-1] + mybins[1:])   # 使用分箱的中心作为特征

# 不要对零取对数。排除所有模型的无效点
valid = (centers>0) * (counts>0)
X = centers[valid].reshape(-1, 1)
Y = counts[valid]
logX = np.log(X)
logY = np.log(Y)

xFit = np.linspace(X.min(), X.max(), 201).reshape(-1, 1)

# 绘制数据的图形
plt.figure()
plt.plot(X, Y, 'ko', label="Data")

# 检查是否存在线性关系
model.fit(X, Y)
print( "R2 Linear: ", model.score(X, Y) )
yFit = model.predict(xFit)
plt.plot(xFit, yFit, 'r-', label="Linear Model Fit")

# 检查是否存在指数关系
model.fit(X, logY)
print( "R2 Exponential: ", model.score(X, logY) )
yFit = model.predict(xFit)
plt.plot(xFit, np.exp(yFit), 'g-', label="Exponential Model Fit")
```

---

① 见 4.3.2 小节。

```
# 检查是否存在幂律关系
model.fit(logX, logY)
print( "R2 Power Law: ", model.score(logX, logY) )
yFit = model.predict(np.log(xFit))
plt.plot(xFit, np.exp(yFit), 'b-', label="Power Law Model Fit")

plt.legend()
```

习题 10C

> 尝试上述代码！收取集数据并拟合 $\overline{N}$ 与 L 的关系，即将 X 作为目标位置 L，将 Y 作为到达目标位置的平均步数 $\overline{N}$。你的数据是否呈现出线性关系、指数关系、幂律关系，或者其他关系？

10.2.3 下一步

pandas 和 scikit-learn 可以做很多事情。这里仅介绍了其中的一小部分。现在，你已经知道如何读写大量的数据文件类型，如何从数据中创建模型，以及如何使用 Python 探索数据科学。此外，你还可以从以下教程中学习更多知识。

- ➤ pandas：用于搜索和合并大型数据集，是非常有用的工具，可以添加到你的常备工具中。
- ➤ scikit-learn：本章中的 LinearRegression 示例适用于很多其他模型。只需导入这些模型并用它们替换 LinearRegression。
- ➤ seaborn：这是 Python 数据科学界常用的绘图库。它可以很好地与 pandas 和 scikit-learn 配合使用。
- ➤ TensorFlow 和 Keras：如果你对 Python 的深度学习感兴趣，可以学习这些库。TensorFlow 是一个机器学习工具库，而 Keras 是一个用于操作这些工具的高级接口。

10.3 符号计算

物理建模通常需要符号分析，而不仅仅是数字处理。你需要使用符号而不是数字推导出公式并求解方程。这通常用铅笔和纸或黑板完成，但计算机也可以成为强大的盟友。计算机最初是用于数值计算的，但它们也可以做符号数学，包括代数和微积分。在 Python 中，必须导入一个特殊的库才能进行符号计算。你也可以利用免费的在线资源。在本节中，我们会介绍这两种方法，并在"首次通过"问题中运用符号计算。

10.3.1　Wolfram Alpha

对于符号计算中的某些问题，最简单的方法是使用 Wolfram Alpha 网站等免费的在线资源。Wolfram Alpha 特别方便，只需"一行"计算就能获得公式，它可以求积分、求级数和、求导数、求三次方程根或四次方程根等。访问 Wolfram Alpha，并尝试下面的示例。Wolfram Alpha 使用的语法与 Python 不同，但它理解自然语言的能力非常强，因此你不必学习新的编程语言。

积分

下面是概率论中出现的一个积分：

$$\int_{-\infty}^{+\infty} dx \, \frac{1/\pi}{x^2+1} \, \frac{1/\pi}{(a-x)^2+1}$$

由于积分的值取决于 a 的值，因此这相当于定义了 a 的函数。如果你想编写一个程序来求解这个积分，那么可以使用 6.7 节的方法来求解任何特定 a 值的积分。但是如果需要为许多 a 值求解积分并绘图，则可能需要花费很长时间。也许你可以使用简单的公式代替。

这个积分看起来令人生畏，但试着将它输入 Wolfram Alpha 就会变得非常简单（Wolfram Alpha 将"oo"识别为∞）：

```
integrate 1/pi/(1+x^2) * 1/pi/(1+(x-a)^2) from -oo to oo assuming a>0
```

注意，即使没有使用任何特殊指令，Wolfram Alpha 也能够理解上面的查询（如果不加上"assuming a > 0"，则可能不会得到同样有用的结果）。

Wolfram Alpha 返回一个简单的结果。这个积分是两个概率密度函数的卷积。在本例中，它们都被称为柯西分布。令人惊讶的是，这个结果也具有我们开始时所使用的分布的一般形式。

下面再举一例。在研究伯努利试验（假设 M 次试验产生 n 次成功）参数 x 的**可信区间**时，会出现积分 $\int_{p}^{q} dx \, x^n (1-x)^{M-n}$。输入以下代码即可计算积分：

```
integrate x^n * (1-x)^(M-n)
```

这次没有指定积分范围（你可以尝试使用一般范围 p 和 q，但 Wolfram Alpha 可能无法计算定积分）。由于没有指定积分范围，Wolfram Alpha 返回的是不定积分，这是一个关于 x、M 和 n 的函数。告诉我们这个函数是"不完整的 beta 函数"似乎并没有什么帮助。我们不知道这个函数。不过，可以看看 Python 是否知道这个函数。Python 确实知道，这个函数是 `scipy.special` 模块中的 `betainc` 函数。我们可以编写代码来计算这个函数，而不是通过数值积分进行计算：

```
from scipy.special import betainc

def credible_interval(p, q, M, n):
    return betainc(n+1, M-n+1, q) - betainc(n+1, M-n+1, q)
```

现在，你不需要任何数值积分，就能迅速计算出结果。

如果只需要 0~1 的定积分，可以使用 Wolfram Alpha 这样求解：

```
integrate x^n * (1-x)^(M-n) from 0 to 1 assuming M>n
```

可以看到，该积分简化为：

$$\frac{\Gamma(n+1)\Gamma(M-n+1)}{\Gamma(M+2)}$$

这个表达式很容易添加到 Python 代码中：`scipy.special` 中有一个 `gamma(x)` 函数[①]。

一般而言，求解一个特殊的函数要比数值积分更快、更准确。但是，这个选项并不总是可用。如果无法找到与 Wolfram Alpha 返回的表达式对应的预定义函数，或者 Wolfram Alpha 没有返回任何有用的结果，则可以使用 `quad` 来获得所需的数值结果（见 6.7 节）。

求和

你可能忘记了无限离散和 $\sum_{k=0}^{M} k^3$ 的结果，但在 Wolfram Alpha 中输入以下命令：

```
sum k^3 from 0 to M
```

即可得到 $M^2(M+1)^2/4$。也许有一天，你会用这个结果来计算均匀离散概

---

① 对于 M 和 n 的整数值，伽马函数等价于我们更熟悉的阶乘：$\Gamma(n+1)=n!$。阶乘函数 `factorial` 可以在 `scipy.special` 中找到。

率分布的三阶矩。如果忘记了几何级数的公式，使用以下命令可以很容易得到结果：

```
sum r^k over k from 0 to M
```

这一次，通过指定待求和的变量（不是 r）可以避免不确定性。

常微分方程

Wolfram Alpha 可以找到简单微分方程的精确解，例如恒定加速度的运动方程：

```
solve d^2 x / dt^2 = a
```

Wolfram Alpha 还能求解更复杂的微分方程。例如，病毒动力学建模中出现的方程 $\dfrac{\mathrm{d}v}{\mathrm{d}t} = -Av + Be^{-ct}$，其中 A、B 和 c 是常数（见 5.1.1 小节）。我们可以请 Wolfram Alpha 求解：

```
solve dv/dt = -A v + B e^(-C t) with v(0) = D
```

要得到精确解，就需要指定初始值。在上面的表达式中，我们要求 $v(t)$ 在零时刻应等于常数 D。这个解就是式 (5.1) 的由来。

细菌动力学中出现的另一个常微分方程也可以用类似方式求解[1]：

```
solve dx/dt = t - x, x(0) = 0
```

这就是式 (5.2) 中 $W(t)$ 公式的由来。

10.3.2 SymPy 库

如果需要快速得到公式，Wolfram Alpha 就非常有用。然而，很难将 Wolfram Alpha 集成到 Python 程序中。不过，SymPy 库使得 Python 也能做符号计算[2]。另外，SymPy 还可以进行"无限精度"的数值计算，并将符号表达式转换为作用于 NumPy 数组的函数。

要了解 SymPy 的功能，首先在 IPython 控制台中输入以下命令：

```
from sympy import *
init_session()
```

---

[1]　见 5.2.1 小节。
[2]　SymPy 是 Anaconda 发行版的一部分，可以使用 conda 进行安装。有关详细信息，请参阅附录 A。

SymPy 库非常方便，我们破例将 `import *` 的所有函数都引入我们的工作环境。当 Python 执行 `init_session()` 时，它会定义若干变量和函数。如果省略此命令，以下示例将无法运行。

代数

SymPy 可以做符号代数。它使用标准的 Python 符号进行算术运算。

```
expand( (x + y)**5 )
factor( x**6 - 1 )
```

如果要查看立方根的公式，或在计算中使用该公式，SymPy 可以提供帮助：

```
a, b, c, d = symbols('a b c d')
r1, r2, r3 = solve(a * x**3 + b * x**2 + c * x + d, x)
display(r1)
print(r1)
latex(r1)
```

在第 1 行中，`symbols` 函数调用会指示 SymPy 生成 4 个新符号。右侧部分会将这些符号绑定到 Python 变量名 a，...，d。字符串参数告诉 SymPy 这些符号如何显示。在本例中，它们会显示为斜体字母。但是，通过 `symbols('alpha beta gamma delta')`，则会显示为希腊字母。

4 个新的符号是抽象代数量，而不是浮点数、整数或任何其他类型的数值。另外，你还可以创建一组带有下标的符号：x = `symbols('x:10')` 语句可将变量 x 绑定到一个由 10 个符号组成的元组：$(x_0, x_1, x_2, \cdots, x_9)$。然后，你可以使用索引访问元组中的符号：x[8] 指向 x_8。当需要大量变量时，这种方法可以方便地创建和引用大量变量。

注意 display(r1) 显示符号表达式的方式就像数学教科书一样。print(r1) 会显示纯文本表达式，如果需要，可以将其复制并粘贴到 Python 脚本中。latex(r1) 将以 Python 字符串的形式返回 LaTeX 命令。print(latex(r1)) 返回字符串，如果需要，可以将其直接复制并粘贴到 LaTeX 文件中，或者直接通过 Python 脚本写入文件。

任意精度

SymPy 还可以执行任意精度的数值计算。如果要求解三次方程 $2x^3 - 3x^2 + 4x = 1$ 的根 r1，使用以下命令可将系数代入通式，以根式的形式显示精确解，并以 50 位小数的精度进行求值：

```
myroot = r1.subs( [(a,2), (b,-3), (c,4), (d,-1)] )
display(myroot)
print( myroot.n(50) )
```

在 SymPy 表达式或对象末尾添加 .n()，它会尝试将结果求值至 15 位有效数字。如果需要更多数字或更少数字，可在括号中提供一个整数，如本示例所示。

lambdify 函数

使用 lambdify 函数可以将符号表达式转换成 Python 函数。例如，以下代码将创建一个函数，用于返回任何三次方程的根。

```
solve_cubic = lambdify( [a, b, c, d], [r1, r2, r3] )
```

lambdify 需要两个参数：作为新函数参数的符号列表和待求值的 SymPy 符号或表达式列表。任一列表都可以用单个符号或表达式代替。生成的函数（本例中为 solve_cubic）现在是一个标准的 Python 函数，可以在 SymPy 之外使用。它甚至可以对 NumPy 数组执行向量化运算。

```
# 求解 2 * x**3 - 3 * x**2 + 4 * x - 1 = 0
solve_cubic(2, -3, 4, -1)

# 求 100 个类似形式的随机三次方程的根
N = 100
A = np.random.random(N) - 0.5
B = np.random.random(N) - 0.5
C = np.random.random(N) - 0.5
D = np.random.random(N) - 0.5
R = solve_cubic(A, B, C, D)
```

这是使用 SymPy 的一大优势。从符号问题开始，获得符号解，并将其转换为数值函数，所有这些都在 Python 中实现。你不必重新输入计算过程中可能产生的任何长公式，这可以减少出错的机会。

微积分

SymPy 还可以求极限、导数、积分和求和：

```
limit( x*log(x), x, 0 )                  # 不定式的极限
diff( x*exp(-x**2), x, x, x )            # 函数的三阶导数
integrate( cos(x)**2, x )                # 不定积分
```

```
integrate( exp(-x**2), (x, -oo, oo) )        # 定积分
Sum( k**3, (k, 0, m) ).doit().factor()       # 级数求和
```

在 SymPy 中，函数的大小写很重要。小写函数（如本例中的前 4 个命令）将尝试计算表达式。大写函数（如最后一个命令）则返回表达式，而不尝试以任何方式对其求值或简化。`doit()` 方法将尝试计算涉及求和、极限、积分等的表达式。`factor()`、`expand()`、`collect()` 和 `simplify()` 等方法可以生成容易解读的等价表达式。

幂级数

SymPy 在数值工作中的一个有用应用是获得函数的幂级数近似。有些函数如果直接计算，可能会受到数值误差的影响。这种情况可能发生在形如 $\sin(x)/x$ 的不定形式中，但也可能发生在行为良好的函数中。由于浮点数只能存储有限位数（约 16 位），因此对两个非常大的数字或两个几乎相等的数字求差会导致较大的舍入误差。NumPy 没有考虑到这一点，这种数值误差可能会破坏计算结果。

举个例子，下面用狭义相对论来计算散步时手表时间和固定时钟时间的差值。

```
velocity = np.linspace(-3, 3, 101)        # 步行速度，单位为米 / 秒
c = 299792458                             # 光速，单位为米 / 秒
tdf = 1/np.sqrt(1-v**2/c**2)              # 时间膨胀因子
t0 = 1000                                 # 手表上的步行时间，单位为秒
t = t0 * tdf                              # 固定时钟上经过的时间
dt = t - t0                               # 时间差值
plt.plot(velocity, dt)
```

时间差只能在两个离散值上取得，而 `dt` 的大多数元素都为零！差值应该很小，但不是零。事实上，它太小了，浮点运算无法分辨出它与零的差异。但是，我们可以使用 SymPy 来创建一个函数，从而计算任意小速度下的时间差。设 $x = v/c$ 并在 $x = 0$ 附近展开 $\dfrac{1}{\sqrt{1-x^2}} - 1$ 的泰勒级数：

```
f = series(1/sqrt(1-x**2) - 1, x0=0, n=7)
display(f)
delta = lambdify(x, f.removeO())
```

现在，重新计算时间差并绘图。

```
dt = t0 * delta(velocity/c)
plt.plot(velocity, dt)
```

在上面的第 3 行代码中，f.removeO() 的作用是告诉 SymPy 在展开式转换为数字和数组函数之前舍弃 $O(x^7)$ 部分。我们发现差值很小，大约是几飞秒，但并不为零。我们还看到，差值是速度的平滑函数，而前面直接使用数值方法并没有得到正确的值！

请记住，只有当参数很小时，级数展开才有效。

微分方程

SymPy 还可以解微分方程：

```
result = dsolve( diff(f(x),x) + f(x) - x, f(x) )
display(result)
display(result.rhs)
```

调用 dsolve 会返回一个名为 Equality 的对象。解的 SymPy 表达式包含在此等式的右侧，并且可以通过 rhs 访问，如本例所示。

通过 *ics* 键值参数传入 Python 字典可以指定初始条件（或其他边界值）。这允许你在其他 Python 代码中使用解。以下示例说明了如何使用 SymPy 求解微分方程，并使用 PyPlot 绘制结果：

```
# 使用 SymPy 求解微分方程
A = symbols('A')
result = dsolve( diff(f(x),x) + f(x) - x, f(x), ics={f(0):A} )
F = lambdify([A, x], result.rhs)

# 绘制不同初始条件的解
time = np.linspace(0,10,101)
initial_conditions = np.arange(5)
for f0 in initial_conditions:
    plt.plot( time, F(f0, time), label=r"$f(0) = {:.2f}$".format(f0) )
plt.legend()
```

绘图函数

SymPy 也有自己的绘图库，可以用于在命令行中快速绘制图形：

```
plot( besselj(0, x), besselj(1, x), sin(x)/x, (x, 0, 10) )
```

SymPy 的绘图命令与 PyPlot 大不相同，我们不再详细讨论。请使用

help(plot) 了解更多信息。

10.3.3　其他替代方案

SymPy 在快速符号计算和绘图方面非常有用。然而，目前它计算积分和解微分方程的能力仍然不如 Wolfram Alpha。如果你要做大量的符号计算，Wolfram Alpha 也同样力所不及。Mathematica 或 Maple 等商业软件或 Sage 免费软件可能是更好的选择[①]。尽管有局限性，但在 Python 生态系统中，SymPy 非常有用，架起了符号数学和数值计算的桥梁。

有关 SymPy 的更多信息，请访问 SymPy 的官方文档。它的文档也非常全面，并且有很多示例。

10.3.4　再谈"首次通过"问题

现在，我们将这些计算机代数工具应用于之前介绍的"首次通过"案例研究。当运行本章前两节的模拟时，你可能已经注意到，首次通过时间的直方图似乎呈指数分布[②]：走 k 步达到距离 L 的随机游走者的数量大致与 $k^{-3/2}$ 呈比例。当模拟中出现这样的模式时，我们应该问：这是巧合，还是有更深层次的原因？这些"更深层次的原因"通常能让我们获得对系统的洞察，并允许我们与其他模型和系统建立联系。

概率分布

首先，我们可能会问自己，在经过 k 步之后，随机游走者的位置的概率分布是什么？我们在第 7 章中探索过这个问题，其中数据显示，经过 k 步后的均方位移等于 k：

$$\overline{x_k^2} = k$$

对于无偏随机游走，向左或向右移动相同距离的可能性是一样的，因此经过 k 步之后的平均位移应为零：

$$\mu_k = \overline{x_k} = 0$$

回顾一下统计课程或实验课的统计导论，你可能会记得以下两个重要信息。

➢ 期望值和标准差是有用的统计量。

---

① Sage 通过 Python 汇集了 100 多个开源数学库（参见 Sage 网站）。Sage 是一个强大的计算机代数系统。虽然可以将 Sage 导入 Python 程序，但 Sage 通常被用作独立的交互式程序或脚本语言。
② 见习题 10B。

➤ 正态分布（有时也称为高斯分布）完全由其期望值和标准差来决定。

前面还没有计算 k 步后位置的标准差，现在计算如下：

$$\sigma_k^2 = \overline{x_k^2} - (\overline{x_k})^2 = \overline{x_k^2} = k$$

我们可以利用平均值和标准差来构造一个经过 k 步之后位于位置 x 的概率密度函数：

$$p(x, k) = \frac{1}{\sigma_k \sqrt{2\pi}} \, e^{-(x - \mu_k)^2 / (2\sigma_k^2)} = \frac{1}{\sqrt{2k\pi}} \, e^{-x^2 / (2k)} \tag{10.1}$$

式 (10.1) 是一个假设，而不是数学推导。将该函数与随机游走的直方图放在一起绘制，可以看到它很好地描述了数据，而更严格的分析表明，这就是我们预期的随机游走的分布。

式 (10.1) 不能解释"首次通过"数据中的趋势，因为我们观察到首次通过时间的分布应该与 $k^{-3/2}$ 成正比。尽管如此，我们很快就会看到，这个函数在真正的求解中扮演着重要角色，因此我们可以在 SymPy 中实现它：

```
x, k = symbols('x k', positive=True)
p = exp(-x**2 / 2 / k) / sqrt(2*k*pi)
f = lambdify([x, k], p)
```

现在，我们可以使用 Python 函数 f(x,k) 和 NumPy 数组来对这个模型和数值模拟进行比较。

如果随机游走者以固定的时间间隔游走，那么步数 k 就是时间的度量。如果在 $x=0$ 处释放多个游走者，那么 $p(x,k)$ 可以解释为在时间 k 之后位于位置 x 的游走者的比例。随着 k 的增加，位于 $x=L$ 的游走者的数量将先上升至最高值，然后下降。峰值出现的时间 $k^*(L)$ 可能与一个游走者最可能首次到达位置 $x=L$ 的时间有关。下面求 p 关于 k 的导数，令其等于 0，并解出 k：

```
dp = diff(p,k).simplify()
display(dp)
solve(dp, k)
```

我们看到，峰值概率发生在 $k^* = L^2$ 步之后。惹人注意的是，导数有一部分与 $1/k^{3/2}$ 成正比，有一部分与 $x^2/k^{5/2}$ 成正比。这两项均乘以指数因子 $e^{-x^2/(2k)}$。然而，对于远大于 x^2 的值 k，指数项将近似为 1，而 $1/k^{3/2}$ 项将远大于 $x^2/k^{5/2}$ 项。因此，概率分布的导数也许是解释首次通过时间分布的关键。

我们的直觉还可以提供定性的判断：首次通过时间的直方图显示了某个

时间间隔内到达 x=L 的游走者数量，即对于该时间间隔内的 k，到达 x=L 的游走者数量。因此，直方图分箱告诉我们的是粒子到达的速率，而不是在那里的概率。

为了跟进这种直觉，我们先切换到一个与上述数学过程密切相关的物理模型：扩散。扩散可以看作某些随机游走的连续极限；相反，随机游走可以解释为扩散粒子的一系列快照。在一维情况下，时间 t 之后，位置 x 处粒子浓度 c(x,t) 的扩散方程为：

$$\frac{\partial c}{\partial t} - D\frac{\partial^2 c}{\partial x^2} = 0$$

实际上，如果代入 k=2Dt，其中 D 是扩散常数，t 是消逝的时间，那么式 (10.1) 就是扩散方程的解[①]。下面来验证这一说法：

```
D, t = symbols('D t', positive=True)
c = p.subs(k, 2*D*t).simplify()
display(c)
diff_eq = diff(c, t) - D * diff(c, x, x)
display(diff_eq)
display( diff_eq.simplify() )
```

现在，首次通过问题可以重新表述为：在一根细管中，在 x=0、时间 t=0 时释放一滴墨汁。粒子随时间在管道中扩散传播。管道的终点是 x=L，但在反方向上却无限延伸。当粒子到达 x=L 时，它们就会离开，再也不会返回。我们已经讨论过，我们需要计算 x=L 时的通量：单位时间内通过的粒子数。通量由浓度梯度驱动[②]：I(x,t)=−D∂c/∂x。通量可以按照如下方式计算：

```
L = symbols('L', positive=True)
I = -D*diff(c, x).simplify()
display( I.subs(x, L) )
```

通量确实与 $1/t^{3/2}$ 成正比！该模型还可以做出其他预测，可以通过数值模拟进行测试。例如，当 k 远大于 L^2 时，在 x=L 处的通量与 L 成正比。

不过，我们仍然没有得到完整的导数。我们必须满足边界条件。扩散方程描述了粒子以相等的概率向左和向右移动。一些对通量有贡献的粒子已经

[①] 语句中单位的作用可能令人困惑。扩散常数为 $D=\Delta x^2/(2\Delta t)$，其中 Δx^2 是每一步后的均方位移，Δt 是每一步之间的平均时间；因此，D 的 SI 单位是 m²/s。我们一直假定步长 $|\Delta x|=1$，忽略了单位。从之前讨论的随机游走转换为物理扩散的正确方法是将 x 替换为 $x/\Delta x$，将 k 替换为 $t/\Delta t$。因子 2 是 D 的传统定义的一部分。

[②] 这种关系有时被称为"菲克定律"。

反向通过 $x=L$ 回到管中，甚至已经第二次或第三次通过，以此类推。我们需要的是粒子到达 $x=L$ 就消失的解，也就是说，我们要求在 $x=L$ 处 $p(x, k)=0$。

我们可以用"图像法"来满足边界条件。你可能在物理入门课上学习波的时候见过这种方法。对于线性微分方程，如波动方程、泊松方程、薛定谔方程或扩散方程，可以将两个解相加，得到另一个有效解。我们可以选择这样两个解：它们可以解决目标区域的问题，同时满足所有相关的边界条件。

例如，对于绳子上的波，波的振幅在硬壁处必须为零。当脉冲朝向 $x=L$ 处的边界运动时会发生什么？从数学上讲，满足边界条件的方法是将我们的脉冲与另一个在 $x=L$ 处反转且朝相反方向运动的脉冲合并。也就是说，取满足波动方程的脉冲 $f(ct-x)$，然后叠加从边界之外接近的反向脉冲 $-f(ct+(x-2L))$。合并后的 $u(x, t)=f(ct-x)-f(ct+(x-2L))$ 就是波动方程的一个解，并且满足边界条件 $u(L, t)=0$。数学中存在性和唯一性定理保证，这不仅是波动方程的一个解，而且是满足边界条件的唯一解。

我们可以将这种方法运用到扩散方程，并将其应用于首次通过问题。消除所有到达 $x=L$ 的粒子的方法是让它们湮灭。我们想象在 $t=0$ 时、在 $x=2L$ 处释放一滴"反墨水"。当墨水反粒子与 $x=L$ 处的墨水粒子碰撞时，它们就会湮灭。由于墨水和反墨水的分布在一开始就是镜像，并且它们遵循相同的扩散方程，所有到达 $x=L$ 的粒子都会与其对应物湮灭，因此在任何时候都有 $p=0$。由于 p 与浓度成正比，模拟首次通过问题的扩散方程的完全解和在 $x=L$ 处的通量分别为：

$$g(x, t)=c(x, t)-c(2L-x, t) \qquad I(L, t)=-D\frac{\partial q}{\partial x}\bigg|_{x=L}$$

我们可以在 SymPy 中探索这些函数：

```
q = c - c.subs(x, 2*L-x)
display(q.simplify())
I = -D*diff(q,x).subs(x,L).simplify()
display(I)
```

通量是 $-D\partial c/\partial x$（在代码中称为 `I`），或者

$$\frac{Le^{-\frac{L^2}{4Dt}}}{2\sqrt{\pi D}t^{\frac{3}{2}}}$$

这个方程式的 LATEX 源码是通过 `print(latex(I))` 直接生成的。

最后，我们得到了首次通过时间的完整解析预测。为了与模拟进行比较，将其导出为 Python 函数：

```
result = I.subs({D: Rational(1,2), t: k})
display(result)
p_first = lambdify([L,k], result)
```

并将其与模拟数据绘制在一起。

10.4 编写自己的类

我们希望前面对首次通过问题的探究已经说明了数学模型、数值模拟、数据分析、解析推导和物理推理如何协同工作为我们感兴趣的问题提供深刻的见解。Python 提供了一个集成所有这些工具的统一环境。现在，我们将在继续探索"首次通过"问题的同时，展望下一阶段的编码。

Python 提供了许多有用的包和库，让编程变得更方便。但是，随着编程时间的增长，你可能会遇到一些现有的库、模块或函数无法解决的问题。在前文中，我们已经学习了如何编写自己的函数和模块，接下来我们将学习如何编写自己的类。类是一种更高级的对象，它可以包含自己的数据和方法。

解决同一个问题可以用不同的编程方法：命令式、声明式、过程式、函数式、递归式和面向对象式。（你不需要深究这些术语的含义。只要知道它们存在并且具有不同的含义就行了！）由于大多数编程语言在数学上等价于一台被称为"通用图灵机"的抽象设备，因此不能说一种方法在本质上优于另一种方法。但是，对于某个特定的问题或者针对这一问题的思考方式，一种方法可能比另一种方法更适合。

编写自己的类是**面向对象编程**的核心。对于许多日常任务，你不需要这种方法。但是当一个项目发展到一定的复杂度时，使用类和面向对象编程是值得的。许多教科书中的例子和作业都没有达到这个层次，因此很难解释为什么要努力编写自己的类。接下来，我们会对随机游走中的普遍行为进行研究，进而说明面向对象方法的价值。

它是普遍行为吗

我们研究了随机游走的统计特性，并探索了首次通过问题中有趣的行为。我们已经看到，随机游走的分析模型可以对这些数值模拟产生洞察。但我们只研究了两种随机游走：一维方向上步长等距的游走，以及二维格子上步长等距的游走。这引出了几个问题：我们看到的结果是这些模型特有的，还是具有一般性？如果步长不相等会怎样？当随机游走者探索其他类型的格子时会发生什么？三维空间会怎样？有没有数学结果可以推广到更抽象的 N 维空间？

为了研究这些问题，下面创建 Python 对象来模拟各种随机游走。

10.4.1 随机游走类

我们的目标是研究许多不同类型的随机游走，但同时也要回答所有这些类型相同的基本问题。我们可以从两个非常一般的问题开始：不同模型的随机游走会是什么样的？它们有不同的统计特征吗？为了探索这些问题，我们可以对相关的对象（具有类似的结构、数据和方法）创建一个集合，即相关**对象**的类。

接下来我们不再是逐行构建代码，而是仔细分析下面的代码，看看发生了什么[1]。它创建了一个 RandomWalk 类，RandomWalk 类做了一切，但唯独没有创建随机游走！我们很快就会看到为什么要推迟实现这个最后的功能：

```
# nd_random_walks.py
import numpy as np

class RandomWalk:
    def __init__(self, dimension=1):
        # 创建随机数生成器
        self.rng = np.random.default_rng()
        # 存储维度和起点
        self.D = dimension
        self.r0 = np.zeros((self.D, 1))

    def _get_steps(self, N):
        # 内部方法。生成随机游走的各个步子
        return np.zeros((self.D, N))              # 原地不动

    def get_walk(self, N):
        return np.append(self.r0, np.cumsum(self._get_steps(N), axis=1), axis=1)

    def get_endpoints(self, M, N):
        return np.array([self.get_walk(N)[:,-1] for m in range(M)]).
```

---

[1] 代码示例中的 nd_random_walk.py 脚本包含了以下所有代码片段，并且有更详细的注释和文档。

```
        transpose()

    def get_distances(self, M, N):
        return np.sqrt(np.sum(self.get_endpoints(M,N)**2, axis=0))
```

前面的代码示例包含了 4 个特征。

（1）class **语句**：构造一个类从 class 语句开始，后面跟随类的名称（RandomWalk）和冒号。接下来的缩进代码块都属于类的定义。而这些函数定义是 RandomWalk 类的方法。

（2）self：变量名 self 几乎只会在类定义中看到。在类定义内部，它指向当前创建的对象。每个函数定义必须包含 self 作为其第一个参数。其他参数不是必需的，不过它们通常很有用。当调用对象的方法时，你不需要提供 self 参数。否则，Python 会引发异常。

> 对象总是将 self 作为第一个参数传递给自己的任何方法。

在函数定义的内部，我们看到许多对 self 的引用。例如，self.D 和 self.r0 是 RandomWalk 类的数据字段。每次创建这个类的对象时，它都会存储自己的维度（self.D）和起点（self.r0）。这些属性类似于数组的大小（size）和形状（shape）属性。另外，我们还看到 self 的函数调用，如 self._get_steps(N) 和 self.get_walk(N)。这些是在调用 RandomWalk 对象的 get_steps 和 get_walk 方法。

当第一次创建类时，很容易忘记 self，进而导致错误和异常。

（3）__init__ **方法**：我们可以为一个类定义任意多的方法。然而，有些方法是每个 Python 类的标准配置，__init__ 就是其中之一。它被称为**构造函数**，每次创建 RandomWalk 类的新实例时，它都会被调用。默认情况下，此函数不执行任何操作。如果创建对象时不需要执行任何特殊操作，则不需要定义 __init__ 函数。但在这里，我们计划探索不同维度的随机游走，而数组的形状又取决于研究的维度。因此，我们编写了自己的构造函数。它允许用户提供维度，如果没有提供，则使用默认值 $D = 1$。然后，构造函数将维度和随机游走的起点数组分别存储在 self.D 和 self.r0 中。另外，构造函数还为每个 RandomWalk 对象提供了自己的内部随机数生成器。

（4）**私有方法和公共方法**：你可能会想，为什么 __init__ 和 _get_steps 前面会有下画线，而 get_walk、get_endpoints 和 get_ distances 则没有？这是 Python 区分私有方法和公共方法的约定。私有方法只在内部使用，而不是从命令行调用或在脚本中使用。公共方法可以用于一般用途[1]。

这段代码仅仅是类的定义，它并不会创建任何新的对象。当 Python 执行完这个定义之后，输入 RandomWalk() 就会从 RandomWalk 类创建一个的新对象。新对象独立于任何先前或之后由 RandomWalk() 创建的对象。对象称为 RandomWalk 类的一个**实例**。如果想要使用这个对象，则应该把它赋值给一个变量：walk=RandomWalk()。现在，可以通过 walk 访问 RandomWalk 实例的所有数据和方法[2]。

你已经可以使用这个新类了，不过结果不是很有趣：

```
import nd_random_walks as RW
import matplotlib.pyplot as plt

walk_1d = RW.RandomWalk()
walk_2d = RW.RandomWalk(2)
walk_3d = RW.RandomWalk(dimension=3)

fig, ax = plt.subplots(1,2)
ax[0].plot(*walk_1d.get_walk(100))
ax[1].hist(walk_2d.get_distances(10, 100), bins=10, range=(0,100))
print("The {}-D random walk starts at\n{}.".format(walk_3d.D, walk_3d.r0))
```

这个类生成的数组的形状允许使用 10.1.2 小节中介绍的 *args* 语法。plt.plot(*walk.get_walk(N)) 将以 1、2 或 3 个维度绘制随机游走。

时间序列和直方图都很平淡无奇。这个示例只是演示了如何用随机游走类创建对象并与之交互。随着引入更多的例子，我们建议你在自己的脚本中构建随机游走类。另外，你还可以运行本书代码库的 nd_random_walks.py 脚本。如果使用的是 IPython 命令行、Jupyter 或 Spyder，请记得在每次更改时都重新加载（reload）模块，否则更改不会在会话中生效[3]。

现在来介绍一些更有趣的随机游走，我们会在 RandomWalk 类的基础上使用**继承**来构建它们。所有新的随机游走类将"继承"RandomWalk 类的数

---

[1] 一些语言，如 C++，可以编写真正的私有函数，你不能在其他代码中调用。Python 没有这种不可访问的函数，但根据这里描述的约定，你需要在私有函数名称前面输入一两个下画线，这会迫使你知道自己在做什么。

[2] 10.2.2 小节的线性回归使用了这种机制。

[3] 见 6.1.2 小节。

据和方法。我们可以在此基础上根据需要添加额外的功能。

我们从任意维度的"方形"格子上的游走开始：

```
class LatticeWalk(RandomWalk):
    def __init__(self, dimension=1):
        super().__init__(dimension)
        # 在 D 维方形格子上创建合法步子列表
        M = np.eye(self.D)              # 从单位矩阵中获取列向量
        self.basis = [ M[:,n] for n in range(self.D) ]
        self.basis += [ -M[:,n] for n in range(self.D) ]

    def _get_steps(self, N):
        # 从 self.basis 中随机选择并生成各个步子
        return self.rng.choice(self.basis, size=N).transpose()
```

对于 $D=1$，这是我们研究过的原始随机游走：步长相等，向左或向右的概率相等。对于 $D>1$，类将沿着 $2D$ 允许的方向以相等的步长游走（在二维中，有上、下、左、右 4 个方向）。

在开始探索 11 维超格子上的随机游走之前，我们先来看第二个类定义的一些重要特征。

（1）继承：这次的 class 语句有所不同。LatticeWalk(RandomWalk) 看起来像一个函数调用，但在 class 语句中，它告诉 Python，"LatticeWalk 是一种特殊的 RandomWalk"。因此，LatticeWalk 可以自动访问 RandomWalk 类中定义的所有数据和方法。另外，它还将拥有在此处定义的任何其他数据和方法。更重要的是，在这里定义的任何数据字段或方法都将覆盖"父"类 RandomWalk 中的字段或方法。这意味着，LatticeWalk 将具有 RandomWalk 类中定义的 get_walk、get_endpoints 和 get_distances 方法，但它将定义自己的构造函数和 _get_steps 方法。

（2）super()：此函数指向父类，因此可以访问父类的数据和方法，即使当前类具有同名属性。在这里，super() 等效于 RandomWalk。第 3 行可以替换为 RandomWalk.__init__(dimension)，行为没有变化。使用 super() 可以简化代码维护。例如，如果更改了 RandomWalk 类的名称，或者使 LatticeWalk 继承其他父类的数据和方法，我们只需更改出现了一次的"RandomWalk"，super() 会处理其余的一切。

（3）经过改变的继承：LatticeWalk 构造函数首先调用 RandomWalk 构造函数，然后完成其他工作。它定义了一个允许的步子列表，并将其存储为

self.basis。LatticeWalk 类还覆盖了 RandomWalk 的 _get_steps 方法。它使用随机数生成器（在 RandomWalk 构造函数中定义）随机选择允许的 N 步，而不是返回一个零数组。

注意，很多 RandomWalk 代码被重用了。我们为许多不同类型的随机游走提供了一致的接口。现在开始使用它吧！

```
from importlib import reload
reload(RW)          # 如果上次导入后 nd_random_walk.py 被修改了，请使用这个函数

lattice_1d = RW.LatticeWalk(dimension=1)
lattice_2d = RW.LatticeWalk(dimension=2)
lattice_3d = RW.LatticeWalk(dimension=3)


N = 50          # 每次游走的步数
M = 5           # 要绘制的游走的次数

# 绘制每种类型的 3 次随机游走
from mpl_toolkits.mplot3d import Axes3D
fig = plt.figure()

ax1 = fig.add_subplot(1, 3, 1)
for m in range(M): ax1.plot( *lattice_1d.get_walk(N) )
ax1.set_title('1-D Time Series')

ax2 = fig.add_subplot(1, 3, 2)
for m in range(M): ax2.plot( *lattice_2d.get_walk(N) )
ax2.set_title('2-D Random Walks')

ax3 = fig.add_subplot(1, 3, 3, projection='3d')
for m in range(M): ax3.plot( *lattice_3d.get_walk(N) )
ax3.set_title('3-D Random Walks!')

# 查看许多游走的统计数据
N = 100             # 每次游走的步数
M = 10**5           # 要分析的游走的次数

fig, ax = plt.subplots(1,3)

ax[0].hist(lattice_1d.get_distances(M,N), bins=20)
ax[0].set_title('1-D Distance Distribution')

ax[1].hist(lattice_2d.get_distances(M,N), bins=20)
ax[1].set_title('2-D Distance Distribution')
```

```
ax[2].hist(lattice_3d.get_distances(M,N), bins=20)
ax[2].set_title('3-D Distance Distribution')
```

　　一些有趣的行为开始出现。尽管 3 个游走者的步数相同，所有的步长也相同，但立方格子上的游走者最终比平方格子或直线上的游走者走得更远。概率分布的形状也发生了变化。

　　那么其他格子呢？LatticeWalk 会从允许的步子列表中选择每一步。如果正确定义允许的步子，我们可以模拟任何维度格子上的游走。如果使用继承，那么只需要很少的额外代码就可以实现。下面把二维的三角形格子和蜂窝格子添加到不断增长的随机游走集合中：

```
class TriangularWalk(LatticeWalk):
    def __init__(self, dimension=2):
        super().__init__(dimension=2)
        # 在三角形格子上创建合法步子列表
        cosTheta, sinTheta = np.cos(np.pi/3), np.sin(np.pi/3)
        R = np.array([[cosTheta, -sinTheta], [sinTheta, cosTheta]])
        v = np.array([0,1])
        self.basis = []
        for n in range(6):
            self.basis += [v]
            v = np.dot(R,v)


class HoneycombWalk(LatticeWalk):
    def __init__(self, dimension=2):
        super().__init__(dimension=2)
        # 在蜂窝格子上创建合法步子列表。请参见 _get_steps()
        cosTheta, sinTheta = np.cos(2*np.pi/3), np.sin(2*np.pi/3)
        R = np.array([[cosTheta, -sinTheta], [sinTheta, cosTheta]])
        v = np.array([0,1])
        self.basis = []
        for n in range(3):
            self.basis += [v]
            v = np.dot(R,v)

    def _get_steps(self, N):
        # 蜂窝格子有两个子格子。(-1)**n 说明了这一点
        return self.rng.choice(self.basis, size=N).T * (-1)**np.arange(N)
```

　　TriangularWalk 和 HoneycombWalk 类继承自 LatticeWalk 类，LatticeWalk 类继承自 RandomWalk 类。在新的类中，我们只需要定义不

同之处：在 self.basis 中，为两个类提供一个新的列表；为蜂窝格子提供修改过的 _get_steps 方法[1]：

```
reload(RW)              #如果上次导入后 nd_random_walk.py 被修改了，请使用这个函数

# 将 RandomWalk 对象存储在字典中，键为绘图标题
walkers = { "Square Lattice": RW.LatticeWalk(dimension=2),
            "Triangular Lattice": RW.TriangularWalk(),
            "Honeycomb Lattice": RW.HoneycombWalk() }

#绘制每种类型的示例
N = 50              # 每次游走的步数
M = 5               # 要绘制的游走的次数

fig, ax = plt.subplots(1,3)
for n,k in enumerate(walkers.keys()):
    for m in range(M): ax[n].plot(*walkers[k].get_walk(N))
    ax[n].set_title(k)
#查看许多游走的统计数据
N = 100             # 每次游走的步数
M = 10**5           # 要分析的游走的次数

fig, ax = plt.subplots(1,3)
for n, k in enumerate(walkers.keys()):
    ax[n].hist(walkers[k].get_distances(M,N), bins=40)
    ax[n].set_title(k)
```

可以看到，每个游走似乎很不同，但距离的分布却十分相似。

在随机游走主题的最后，我们考虑随机方向上可变步长的游走。RandomWalk 基类仍然可以用于定义接口，但现在必须引入新的方法来生成步子。以下类可生成任意维度的随机游走：

```
class DirectionalWalk(RandomWalk):
    def _direction(self, N):
        # 使用 Box-Muller 变换生成 N 个随机单位向量
        vectors = np.random.normal(size=(self.D,N))
        lengths = np.sqrt(np.sum(vectors**2,0))
        return vectors/lengths

    def _magnitude(self, N):
        # 对于这个类，只有方向是随机的
```

---

[1] 可以认为蜂窝格子是基于三角形格子的。

```
            return np.ones(size=N)

    def _get_steps(self, N):
        #返回 D 维 N 步随机游走的坐标
        return self._direction(N) * self._magnitude(N)

class UniformWalk(DirectionalWalk):
    def _magnitude(self, N):
        #从均匀分布中抽取 N 个步长。平均大小为 1
        return 2*self.rng.random(size=N)

class GaussianWalk(DirectionalWalk):
    def _magnitude(self, N):
        #从卡方分布中抽取 N 个步长。平均大小为 1
        return np.sqrt(self.rng.chisquare(df=self.D, size=N)/self.D)

class ExponentialWalk(DirectionalWalk):
    def _magnitude(self, N):
        #从指数分布中抽取 N 个步长。平均大小为 1
        return self.rng.exponential(size=N)

class ParetoWalk(DirectionalWalk):
    def __init__(self, dimension=1, nu=2):
        super().__init__(dimension)
        self.nu = nu
        self.norm = max(0.01,nu-1)

    def _magnitude(self, N):
        #从帕累托分布中抽取 N 个步长。如果 nu>1.01，则均值为 1
        return self.rng.pareto(a=self.nu, size=N) * self.norm
```

DirectionalWalk 类生成随机方向的等长步子。其他类在此基础上增加可变步长。通用接口使得不同随机游走的比较变得容易：

```
reload(RW)        #如果上次导入后 nd_random_walk.py 被修改了，请使用这个函数
```

```
#将 RandomWalk 对象存储在字典中，键为绘图标题
walkers = { "Directional": RW.DirectionalWalk(dimension=2),
            "Uniform": RW.UniformWalk(dimension=2),
            "Gaussian": RW.GaussianWalk(dimension=2),
            "Exponential": RW.ExponentialWalk(dimension=2),
            r"Pareto $\nu=2$": RW.ParetoWalk(dimension=2, nu=2),
            r"Pareto $\nu=4$": RW.ParetoWalk(dimension=2, nu=4)  }
```

```
# 绘制每种类型的示例
N = 50          # 每次游走的步数
M = 5           # 要绘制的游走的次数

fig, ax = plt.subplots(2,3)
for n,k in enumerate(walkers.keys()):
    I, J = n // 3, n % 3        # 获取子图索引
    for m in range(M): ax[I,J].plot(*walkers[k].get_walk(N))
    ax[I,J].set_title(k)

# 查看许多游走的统计数据
N = 100                         # 每次游走的步数
M = 10**5                       # 要分析的游走的次数

fig, ax = plt.subplots(2,3)
for n,k in enumerate(walkers.keys()):
    I, J = n // 3, n % 3        # 获取子图索引
    ax[I,J].hist(walkers[k].get_distances(M,N), bins=40)
    ax[I,J].set_title(k)
```

运行此代码创建线图和直方图，你会发现随机游走的行为非常相似，但
ParetoWalk 类除外。这里留给你深入探索！

10.4.2　何时使用类

虽然随机游走可以通过多种方式探索，但使用面向对象编程是非常适合
的。编程风格有许多，但没有一种适合所有问题。具有以下特征的问题适合
于面向对象编程。

> 继承。如果问题可以组织成不同层次的对象，并且这些对象具有许多
  相似的数据字段和方法，则可以使用类来组织代码，就像前面探索的
  随机游走一样。定义一次，经常重用。

> 封装。有时，相似对象的不同实例需要自己的私有数据和转换数据的
  方法。我们可以将相关数据和函数收集到单个对象中，将其封装起
  来，而不是将许多单独的列表和专用函数暴露在外面，以防止名称
  冲突。（设想这样一种情况：需要处理 12 个数组，并分别跟踪它们的
  尺寸、形状等数据！）在许多情况下，将数据组织到字典中就已经足
  够。但类提供了更多的可控性和灵活性。

➤ 将接口和实现分离。在许多情况下，为了完成任务，人们只需要知道如何使用对象，而不需要知道对象是如何工作的（例如，NumPy 的数组，PyPlot 的 Figure 和 Axes 对象，甚至你的汽车或网络浏览器）。类和面向对象编程允许你定义接口，也就是使用对象的方式，而无须指定实现的细节。在函数内部，你可以根据自己的喜好组织数据和编写代码，甚至还可以修改代码、改进性能，而这些丝毫不影响人们使用软件的方式。

➤ 使用面向对象的思路更易解决的问题。有时，我们会从交互对象的角度来思考问题。根据思考问题的方式编写代码，往往比改变思考方式而编写代码更容易。例如，如果要模拟一个光学系统，你可能会以这样的角度思考：光线发自光源，反射到镜子上，然后经过透镜折射。你可以尝试求解这个系统的透镜和镜子方程，然后编写相应的公式，你也可以遵循简单的规则创建光源、光线、透镜和镜子对象，并研究不同构型的情况。许多复杂的系统都遵循简单的规则，从交互对象的角度对系统建模是研究系统行为的一种有效策略。

以上是有关 Python 类的简短介绍，希望你能够在工作中正确选择面向对象编程这一工具。

第11章
开始行动

编程可能是一份不错的工作，但经营一家快餐店可以赚同样的钱，而且会更快乐。不过，在其他职业中，你最好使用代码作为秘密武器……在生物学、医学、政府、社会学、物理学、历史学和数学领域，能够编程的人备受尊重，并且在推动学科发展中大有作为。

——泽德•肖

我们希望你在学习 Python 的过程中得到了乐趣。这些内容很多，我们希望你可以在此基础上进一步自学。

你不必刻意研究 Python，只要能在学习感兴趣的主题时运用所学知识即可。当遇到一个不熟悉的数学概念（例如"波包"）时，可以创建一个图形来获得一些直观上的理解；当发现一个有趣的模型时，尝试改变它的参数并探索它的行为；当遇到一个新的统计概念（例如"偏度""峰度"或"四分位距"）时，尝试将其应用到一些真实数据或模拟数据，进而了解这组数据的相关信息。如此一来，你不仅会更好地理解正在学习的内容，还会提高自己的 Python 技能。当你自己做研究的时候，也许就能派上用场！

为了获得乐趣和灵感，我们给你留了一个可以运行的脚本。抽出一分钟的时间去探索它——只需要一分钟！现在，你可以独立完成这样的例子。

```python
# surprise.py
import numpy as np, matplotlib.pyplot as plt
max_iterations = 32
x_min, x_max = -2.5, 1.5
y_min, y_max = -1.5, 1.5
ds = 0.002
X = np.arange(x_min, x_max + ds, ds)
Y = np.arange(y_min, y_max + ds, ds)
data = np.zeros( (X.size, Y.size), dtype='uint')
for i in range(X.size):
    for j in range(Y.size):
        x0, y0 = X[i], Y[j]
        x, y = x0, y0
        count = 0
        while count < max_iterations:
            x, y = (x0 + x*x - y*y, y0 + 2*x*y)
            if (x*x + y*y) > 4.0: break
            count += 1
        data[i, j] = max_iterations - count
plt.imshow(data.transpose(), interpolation='nearest', cmap='jet')
plt.axis('off')
```

附录 **A**
安装 Python

本附录旨在解释如何安装正文中描述的 Python 环境。免费的 Anaconda 发行版由 Anaconda 公司提供并维护。Anaconda 在一个软件包中包含了 Python 语言、许多库、Spyder 集成开发环境和 Jupyter Notebook 应用程序等（软件包是指某一特定应用或库的一系列相关程序和数据文件，包括新软件正常运行所需的任何其他包的信息）。另外，Anaconda 还提供了更新包和安装新包的简单方法。当然，还其他选择。也许，你会找到更适合自己需求或喜好的方案。一个可以查看的地方是 Python 的网站。

我们的意图不是推广某一个特定的 Python 发行版本，而是推广作为科学计算工具的 Python 本身。

A.1 安装 Python 和 Spyder

Anaconda 可以在 Anaconda 网站下载。

网站会自动检测你的操作系统，这时先不要下载任何内容。首先，确保安装程序与 macOS、Windows 或 Linux 操作系统匹配。其次，确保操作系统符合 Anaconda 的要求。你可以在 Anaconda 文档网站上找到当前要求。再次，确保选择正确的 Python 版本。下面的说明描述了如何安装最新版本的 Python 3（Anaconda 和 Python 将遵循类似的安装过程，但如果遇到问题，可查阅 Anaconda 文档网站的在线文档）。最后，你必须决定要使用哪种类型的安装程序，是图形化还是命令行。如果不习惯使用操作系统的命令行，那么点选式的图形化安装无疑是最简单的方式 [①]。

如果你的计算机满足系统要求，并且你也希望进行图形化安装，请前往 A.1.1 小节。

如果操作系统不满足要求，则标准安装可能无法成功，或者安装可能会成功，但某些软件包可能无法正常工作。无论如何，你可能都希望尝试 A.1.1 小节。如果安装不成功，则可以通过卸载 Anaconda 来撤销该过程。另一个选择是尝试按照 A.1.2 小节中所述从命令行安装。如果仍然失败，则可以下载 Anaconda 或 Miniconda 旧版的安装程序。

尝试将操作系统的日期与安装程序的发布日期进行匹配，以获得最佳效果。

Anaconda 网站提供了详尽的文档，因此，即使这里给出的说明不够充分，你仍然可以在计算机上安装和运行 Anaconda。要获得最详细和最新的安装说明，请访问 Anaconda 文档网站。

A.1.1　图形化安装

macOS

要获取最新版本的 Python，请在 Anaconda 网站上找到"下载"按钮。单击链接，然后选择 macOS 下的选项。这是一个大型下载任务，它将安装本书中未使用的许多包；但是，安装非常简单。除非你熟练使用命令行，否则我们建议使用图形化安装。

下载完成后，找到软件包，并打开它。软件包可能在"下载"文件夹中。双击该文件，启动安装对话框。除非想要自定义安装，否则只需单击"继续"，直到到达"安装类型"。单击"更改安装位置"，然后单击"仅为我安装"。这将在 home 目录下的 opt 目录中创建 anaconda3 或 Anaconda3 文件夹，并将所有相关文件存储在该文件夹中。单击"继续"。最后，单击"安装"启

[①]　附录 B 简要介绍了命令行。

动标准安装任务。系统可能会要求你输入密码 [①]。

安装完成后，可以在桌面上找到一个新的图标。打开这个应用程序。单击"Spyder"下面的 LAUNCH 按钮启动 Spyder。你也可以在没有 Anaconda Navigator.app 的情况下启动 Spyder，双击 Anaconda 安装的文件夹中的 Spyder 即可。默认情况下，这个文件夹是 opt/anaconda3/bin 或 opt/Anaconda3/bin。第三种选择是通过操作系统的命令行启动 Spyder，输入：

```
spyder
```

然后按 <Return>。

成功安装 Anaconda 并启动 Spyder 后，请转至 A.2 节。

Windows

要获取最新版本的 Python，请在 Anaconda 网站上找到"下载"按钮。单击链接，然后选择 Windows 下的选项。这是一个大型下载任务，它将安装本书中未使用的许多包；但是，安装非常简单。除非你熟练使用命令行，否则我们建议使用图形化安装。

下载完成后，找到软件包，并打开它。软件包可能在"下载"文件夹中。双击该文件，启动安装对话框。除非想要自定义安装，否则只需单击"继续"，直到到达"目标选择"。除非有充分的理由，否则选择"仅为我安装"。这将在主目录中创建 Anaconda3 文件夹，并将所有相关文件存储在该文件夹中。单击"继续"打开"安装类型"对话框。单击"安装"启动标准安装任务。系统可能会要求你输入密码。

安装完成后，可以在桌面上找到一个新的图标。打开这个应用程序。单击"Spyder"下面的 LAUNCH 按钮启动 Spyder。你也可以在没有 Anaconda Navigator.app 的情况下启动 Spyder。在"开始">"所有程序"下找到一个名为 Anaconda 的新文件夹。此文件夹包含启动 Spyder 的快捷方式。启动 Spyder 的脚本也可以在 User 目录下的 Anaconda3\Scripts\spyder-script.py 中找到。也可以使用 Anaconda3\Scripts\spyder.exe 启动 Spyder。

成功安装 Anaconda 并启动 Spyder 后，请转至 A.2 节。

[①] 如果需要从 macOS 中完全卸载 Anaconda，只需删除 anaconda3 文件夹及其所有内容即可。

A.1.2 命令行安装

要在 Linux 机器上安装 Python，或者在 macOS 或 Windows 上安装只包含所需包的精简环境，可以使用 conda 包管理器。此工具可以直接从命令行访问。

在本附录中，"命令行"是指操作系统的命令行界面，而不是 IPython 命令提示符。对于 macOS 用户，这是 Terminal.app。对于 Windows 用户，这是 cmd.exe 或 PowerShell。对于 Linux 用户，则是终端或 bash shell。

要从命令行安装 Anaconda，必须首先下载 Miniconda。在 Conda 网站上为操作系统选择 Python 3 的当前版本。下载完成后，macOS 和 Linux 用户将需要运行脚本。在命令行中输入：

```
bash ~/Downloads/Miniconda3-latest-MacOSX-x86_64.sh
```

这是针对 macOS 系统的。可以根据自己的操作系统、文件名和文件位置使用等价的命令运行脚本。Windows 用户应双击 .exe 文件并按照屏幕上的说明操作。在同意许可条款并选择安装目录（或同意默认位置）后，脚本将安装 Python 3 和 Conda 包管理器。［注意，需要指定完整路径。对于 macOS 或 Linux，路径为 /Users/username/opt/miniconda3 或 /opt/miniconda3；对于 Windows，路径为 C:\Users\username\Miniconda3。如果只提供名称 "anaconda"，则文件将安装在当前目录（无论位于何处）中名为 anaconda 的新目录中。］

如果成功了，就可以运行 Python，但是还无法使用 NumPy、PyPlot 或者 SciPy 等模块，也无法访问 Spyder IDE。要安装它们以及整个 Anaconda Python 发行版，输入：

```
conda update conda
conda install anaconda
```

如果希望节省磁盘空间，只需使用 conda 命令安装单独的包。使用以下命令代替上面的第 2 行：

```
conda install numpy matplotlib scipy ipython sympy
```

执行这些命令后观察屏幕，你会看到该命令在做什么。它会确定安装特定包所需要的包，下载所有需要的包，然后安装并链接所有的包。

Python 附带 IDLE 集成开发环境。但是，如果要使用本书中描述的

Spyder IDE，则需要单独安装：

```
conda install spyder
```

原则上，这会安装运行 Spyder 所需的所有包。输入以下命令启动 Spyder：

```
spyder
```

实际上，你可能发现某些模块缺失，因此 Spyder 无法运行。Spyder 实际上是一个巨大的 Python 程序。当出现问题时，它会显示 Python 错误消息。也许 Spyder 在你尝试运行时就崩溃了。在终端输出的末尾，你会看到：

```
ImportError: No module named 'docutils'
```

只需输入命令：

```
conda install docutils
```

要使 Spyder 正常运行，使用 conda install 命令安装任何其他缺少的模块。

即使在 Spyder 运行后，你也可能无法访问本书中描述的所有调试工具。如果稍后自己编写代码时发现其他缺失的模块，则可以使用 conda 进行安装。

要运行本书中的所有代码示例，需要使用 conda 安装以下包（不包含注释部分）：

```
conda install ipython           IPython 解释器
conda install numpy             NumPy
conda install matplotlib        Matplotlib 和 PyPlot
conda install scipy             SciPy
conda install pillow            图像处理库
conda install sympy             符号计算库
conda install pandas            数据分析库
conda install scikit-learn      机器学习库
```

要使用 Spyder IDE 或 Jupyter Notebook，需要单独安装它们（不包含注释部分）：

```
conda install spyder            Spyder IDE（上面提到）
conda install jupyter           Jupyter Notebook
```

如果安装了 Anaconda，可以从命令行运行 `anaconda-navigator` 和 `spyder`。如果使用的是 Miniconda，你也可以从命令行运行这些程序。

对于完成本书中的练习，这些包应该已经足够。然而，你可以用 `conda` 做更多的事情。例如，可以设置不同的环境，在 Python 2 和 Python 3 之间切换，或使用不同版本的 NumPy 和 SciPy。可以在 Conda 文档网站上了解更多关于 `conda` 的信息。

A.2　设置 Spyder

现在你已经安装了 Spyder，在开始编写和执行脚本之前，还有一些设置需要调整。所有这些调整都将使用"首选项"进行。要访问"首选项"，请单击扳手图标，或从下拉菜单中选择：若是 Windows，则为"工具" > "首选项"；若是 macOS，则为"Python" > "首选项"。在进行以下更改后，可能需要重新启动 Spyder，才能使更改生效。

A.2.1　工作目录

你需要跟踪自己的文件。在 Spyder 中，执行此操作的最简单方法是告诉它将所有工作保存在指定的文件夹中。从"首选项"面板左侧的选项列表中选择"当前工作目录"。在右侧，选择"指定目录"旁边的按钮，然后单击文件夹图标以选择目录，或输入要使用的目录的路径。例如，你可能希望创建一个名为 scratch 或 current 的新文件夹。选择文件夹后，单击相应的按钮，使"打开文件"和"新建文件"使用此目录。

你仍然可以访问计算机上任何位置的文件，但设置这些选项是查找使用 Spyder 创建的文件的最简单方法。

A.2.2　交互式图形

Spyder 的默认选项是在"绘图"窗格中显示图形。你还可以调整"首选项"以在 IPython 控制台中显示绘图，类似于 Maple 和 Mathematica 等程序。然而，这些图是静态图像，不能缩放、移动或旋转。要使交互式绘图成为默认设置，请单击菜单项"Python" > "首选项"，并在"首选项"窗口左侧选择"IPython 控制台"选项卡。单击菜单项上方的 GRAPHICS 选项卡。在名为

Graphics backend 的面板中，将后端设置为 Tkinter 或其他非行内选项。最后，单击右下角的 APPLY。

可能需要重新启动 Spyder，才能使更改生效。

A.2.3 脚本模板

编写脚本时，最好添加作者、创建日期和简短描述。另外，本书编写的几乎每个脚本中都需要导入 NumPy 和 PyPlot 模块。这些操作大部分可以自动完成，方法是创建一个模板，用于 Spyder 创建的一系列文件。

选择"首选项"，然后选择窗口左侧的"编辑器"选项卡。接下来，单击右侧菜单顶部的 ADVANCED SETTINGS 按钮。单击 EDIT TEMPLATE FOR NEW FILES 按钮。这将在编辑器中打开一个文件。修改此文件，添加要包括在每个脚本中的文本。下面是一个示例：

```
# -*- coding: utf-8 -*-
# file_name.py
# Python 3.8
"""
作者：      你的姓名
创建日期：  %(date)s
修改日期：  %(date)s

描述
.........

"""
import numpy as np
import matplotlib.pyplot as plt
```

带有百分号的表达式将在创建文件时插入日期。此示例模板中的第一行是可选的。如果代码使用了标准 ASCII 集以外的任何字符，例如非英语字符和重音符号，则应包含这一行。

编辑完此文件后，保存更改并关闭文件。

A.2.4 重启

完成这些更改并根据喜好调整其他偏好后，退出 Spyder 并重新启动。现在，你应该可以执行本书中的任何练习了。

A.3 保持最新版本

未来，Python 及其模块将会发布新的版本，而负责 Anaconda 发行版的人员将努力消除程序错误。通过使用 conda 包管理器，可以获得最新、最优秀的 Anaconda 发行版。这可以通过操作系统的命令行完成。

在命令行中，输入：

```
conda update conda
conda update --all
```

包管理器将确定哪些文件需要下载、安装和更新。建议的更改，你可以选择接受或拒绝，其余的工作将由 conda 完成。

可以使用 conda 更新或安装单个包。例如，conda update numpy 将下载并安装最新版本的 NumPy。

Anaconda Navigator 还允许你更新或安装单个包。它为 conda 包管理器提供了一个图形化界面。单击导航窗口左侧的"环境"选项卡。使用下拉菜单和按钮，可以管理安装的包。要更新已安装的包，请从第一个下拉菜单中选择"已安装"；要安装新的包，请从第一个下拉菜单中选择"未安装"。找到要更新或安装的包，然后单击"更新索引 ..."按钮。然后 conda 会处理剩下的事情。

要了解更多关于 conda 的信息，请参阅 conda 文档网站。

A.4 安装 FFmpeg

FFmpeg 是一个用于创建音频和视频文件的开源编码器。它可以用于在 Python 中创建动画，如 8.3 节所述。FFmpeg 不是 Python 的一部分，也不是 Anaconda 发行版的一部分。然而，它可以像其他 Python 包一样使用 conda 进行安装：

```
conda install ffmpeg
```

A.5 安装 ImageMagick

ImageMagick 是一系列用于创建和操作图像的开源命令行工具。它还可以用于在 Python 中创建动画，如 8.3 节所述。与 FFmpeg 一样，ImageMagick 不是 Anaconda 发行版的一部分，但可以使用 conda 安装。

许多个人和组织已经通过 conda 包管理器提供了大型代码存储库。像这样的存储库称为"通道"。我们需要将 conda 引导到适当的通道以安装 ImageMagick。本附录演示了如何访问 conda-forge 通道（见 conda-forge 网站）。使用通道需要对安装命令稍做修改：

```
conda install --channel conda-forge imagemagick
```

尽管 ImageMagick 不是 Python 包，但安装过程应该和其他 Python 包一样。通过 conda 完成安装后，你可以测试安装结果，方法是要求操作系统查找程序 magick。在命令行中输入：

```
which magick
```

形如"/Users/username/opt/anaconda3/bin/magick"的消息表明 Python 现在可以找到并运行 ImageMagick。

你也可以按照 ImageMagick 上的说明下载并安装 ImageMagick。

附录 **B**
命令行工具

本附录将介绍如何使用命令行。这些内容不是学习 Python 编程所必需的，但可以让编程变得更轻松。我们主要关注 3 个强大的工具：

➢ 命令行；
➢ 文本编辑器；
➢ 版本控制工具（Git）。

本附录假设你已经安装了附录 A 中描述的 Anaconda Python 发行版。

B.1　命令行

命令行是一种无须借助窗口、图标和鼠标就可以访问计算机操作系统的方式——一种完全基于文本的与计算机交互的方式。只需少量键盘输入，即可完成许多常见任务，如查找、创建和移动文件。

如果你已经完成了本书中的一些练习，你可能已经在 IPython 命令提示符下输入了一些命令。这与命令行类似，但并不完全相同。命令行可以直接访问计算机操作系统，而 IPython 只是计算机上运行的众多程序之一。

要在 macOS 平台上访问命令行,请启动 Terminal.app。如果使用的是 Linux 平台,则启动终端或 shell。在 Windows 平台上,启动 Anaconda Prompt 应用程序(包含在 Anaconda 发行版中)。Windows 平台还有其他命令行选项,如 Cmd 和 PowerShell,但本附录中的一些命令无法在这些程序中使用。你应该会看到一个基本上为空的屏幕,提示符旁边有一个实心或闪烁的光标。这是命令行。在这里输入的命令,按下 <Return> 就能执行!

计算机的文件系统是一种嵌套的文件夹或目录层级结构,每个文件夹或目录可以包含文件和其他文件夹。要查看当前位置,输入 pwd 并按 <Return>。你会看到类似 "/Users/username/" 的内容。这是你当前的工作目录,即计算机上命令生效的文件夹。文件夹中有哪些文件?输入 "ls" 并按 <Return>,这将列出当前工作目录的内容[1]。你可以在不更改默认工作目录的情况下查看其他目录:ls /Users 将显示 Users 目录的内容,其中包括当前所在的位置。

其他操作系统命令可以用于运行程序、创建和编辑文件、创建文件夹、移动文件等。表 B.1 包含一小组命令,可以完成很多任务。

警告:命令行中没有撤销按钮。删除或覆盖文件和文件夹将永久删除它们,且通常没有确认过程[2]。你无法在垃圾箱或回收站中找到已删除的文件。也许很专业的信息安全从业人士可以从你的硬盘中恢复这些文件,但你大概率不行。下面的命令就像利刃:它们非常有用,但如果使用不当,可能会伤害自己。使用 Git 这样的"版本控制"软件可以消除这些影响[3]。经常将文件备份到外部硬盘或云端也是个好主意,其中一些系统允许你"及时"返回文件的早期版本。

表B.1　操作系统命令

命令	功能	目的
pwd	报告当前工作目录	查看现在在何处
ls	列出当前工作目录的内容	查看有何内容
cd	更改当前工作目录	跳转其他位置
cp	复制文件	复制文件

[1]　ls 会抑制"隐藏文件",即文件名以句点开头的文件。使用 ls -a 可以看到所有文件。
[2]　你可以强制命令在删除或覆盖文件之前要求确认,直至能够轻松地使用命令行。只需使用 cp -i、mv -i 和 rm -i 代替给出的命令即可。
[3]　B.3 节介绍了 Git。

命令	功能	目的
mv	移动文件	将文件转移到另一个目录或更改其名称
rm	删除文件	销毁文件
mkdir	创建目录	创建新文件夹
rmdir	删除目录	删除空文件夹
ls -l	以长格式列出文件	查看详细文件列表
cp -r	递归复制	复制目录及其所有内容
rm -r	递归删除	销毁目录及其所有内容

这些命令描述起来很抽象。下面看如何使用这些命令完成一些有用的任务。

B.1.1 文件系统导航

假设你下载了一个文件夹，其中包含要使用 IPython 或 Jupyter 分析的数据文件。最简单的方法是从数据文件夹内部启动程序。这对于点击式方法或 Anaconda Navigator 来说很困难。然而，一旦你知道如何在文件系统中导航后，在命令行中操作就很简单了。

表 B.1 中的前 3 个命令（pwd、ls 和 cd）用于导航和浏览计算机的文件系统。我们已经看到如何使用 pwd 和 ls 来查看当前所在的位置以及此位置有何文件。cd 允许你在文件系统中移动（更改当前工作目录）。

当启动终端或 Anaconda Prompt 应用程序时，它将始终从你的"主目录"开始。输入 ls 查看此处内容。你将看到文件和目录的列表。终端可能使用颜色进行区分。文件名通常以 .txt 或 .py 等"扩展名"结尾，目录名通常没有扩展名。

"下载"文件夹通常位于主目录中。可以输入 cd Downloads 进入该目录、输入 pwd 确认当前位置已更改、输入 ls 查看此处内容。如果这里还有其他目录——也许是本书的数据文件或代码示例集，可以以同样的方式进入并查看。请放心尝试，这些命令并不会造成任何破坏。

随着你的移动，你开始看到计算机文件系统的结构。一个目录包含文件和其他目录，这些目录本身可能又包含文件和其他目录，以此类推。你可以输入一系列目录并以文件名结尾来导航到计算机上的任何文件。这称为该文件的**路径**。例如[1]：

```
/Users/username/Downloads/temp/some_script.py
```

　　有了路径，就可以从计算机的任何其他目录查找文件，因为路径包含从根目录开始的指令，**根目录**的名称仅为"/"。根目录是计算机上包含所有文件以及其他所有目录的计算机目录。根目录与主目录不同，它包含许多由操作系统管理的文件夹。你可以四处看看，但不要进行任何更改。而主目录包含你要直接创建和访问的大部分文件。

　　你可以随时返回主目录：只需输入 cd，不带参数（使用 pwd 确认位置）。你也可以输入 cd ~，因为"~"是主目录的别名。

　　在导航文件系统时，你可能不想直接回到主目录。可以使用 cd .. 在文件层级结构中向上移动一级，从当前目录进入它的上级目录。也就是说，".."是一个特殊符号，其含义随着你的移动而变化。它总是指向当前所在位置的上一级目录。多试几次 cd .. 和 pwd，看看这是如何工作的。你可能最终会进入根目录，不过你知道如何回到主目录。

　　你可以使用 ls 在不进入其他目录的情况下查看其他目录，或者查找特定类型的文件。移动到主目录，输入 ls Downloads。你将看到"下载"文件夹的内容，即使你仍在主目录中。你还可以查看名称与模式匹配的文件。例如，ls Downloads/*.py 将列出"下载"文件夹中的所有 **Python** 脚本。类似地，ls Downloads/*.pdf 将列出所有 **PDF** 文件，而不列出其他文件。它之所以有效，是因为"*"是用于匹配模式的**通配符**。因此，ls Downloads/*.pdf 表示"列出'下载'文件夹中以 '.pdf' 结尾的任何内容"，而 ls Downloads/lab* 表示"列出'下载'文件夹中以 'lab' 开头的任何内容"。

　　表 B.2 总结了这里讨论的特殊符号。使用这些特殊符号和 3 个命令行导航命令 pwd、ls 和 cd，你可以定位和检查计算机上的任何目录。你也可以导航到任何文件夹并启动 **IPython** 或 **Jupyter**。找到正确的目录后，在命令提示符下输入 ipython 或 jupyter notebook。现在可以开始分析这些数据了！

---

[1]　4.1.2 小节提到了 Windows 格式的路径名，但 Anaconda Prompt 可以使用这里给出的格式。

表B.2　特殊符号及含义

符号	含义
.	当前目录
..	当前目录的上一级目录
~	主目录
/	根目录
*	通配符

B.1.2　创建、重命名、移动和删除文件

假设你有一个可以运行的脚本，你想尝试一些新的想法来改进它，但是不想破坏可以运行的版本。一个选择是创建一个副本并对其进行调试，同时保留原始版本。当解决了新版本中的错误后，你可以归档或删除原始版本，或者放弃实验版本并返回原始版本[①]。

touch 命令不在我们的基本命令表中，但它在命令行中很有用。touch original.py 将创建一个名为 original.py 的空文件。输入 ls 查看当前目录中的新文件。要创建副本，请输入：

```
cp original.py experiment.py
```

再次输入 ls 查看这对文件。可以使用 move 命令更改新文件的名称：

```
mv experiment.py next.py
```

再次输入 ls，可以发现 experiment.py 已经不见了，但是 next.py 出现了。mv 命令还可以将文件从一个目录移动到另一个目录。

要删除原始文件，请输入：

```
rm original.py
```

或者用以下命令覆写：

```
mv next.py original.py
```

再次输入 ls 查看当前目录的内容。

如果程序运行时生成了大量的临时文件，命令行提供了一种简单的清理方法。例如，为了生成动画，第 8 章中的 waves.py 脚本创建了 100 个图像

---

① B.3 节介绍了更复杂的版本控制工具。

文件。完成动画后，你可能想要释放硬盘上的空间。可以使用上面提到的 rm 和通配符 * 轻松实现：导航到这些文件的文件夹，然后输入 rm *_movie.jpg。这将删除任何以 "_movie.jpg" 结尾的文件，但其他文件将保留在目录中不受影响。

本书中的大部分文件是用 Python 创建的。使用命令行删除文件是保持文件系统整洁的好方法。但是，我们特此提醒，这些命令是毫不留情的：rm 不会保存任何副本，cp 和 mv 将直接销毁具有目标名称的现有文件（不予警告），等等。如果使用命令行工具，则应随时对自己的文件系统进行备份。

B.1.3　创建和删除目录

当开始新项目或新任务时，将所有文件存放在一个位置，与计算机上的其他文件分开，是很有用的。创建、移动和删除目录是另一组非常适合使用命令行的任务。

如果还没有用于临时工作的 scratch 目录，现在可以创建一个。导航到主目录，然后输入 mkdir scratch 创建目录。输入 ls 查看新目录，然后输入 cd scratch 进入目录。使用 pwd 确认新位置。你可以将所有 Python 工作保存在这里，并且可以使用相同的过程来创建新任务的文件夹，例如，mkdir assignment01。

B.1.2 小节描述了如何创建文件的副本来进行调试。你也可以对整个目录执行相同的操作。首先，创建一个新目录：mkdir dir1。现在，进入新目录（cd dir1）并创建一些文件（touch fileA fileB fileC）。返回原始目录（cd ..）。要复制该目录及其所有内容，请输入：

```
cp -r dir1 dir2
```

输入 ls 命令会显示目前有两个目录：dir1 和 dir2。查看它们的内容：ls dir1 和 ls dir2 应该会显示出两个目录具有相同的文件。要删除副本及其所有内容，输入 rm -r dir2。使用 ls 验证此命令的结果。

在这些示例中，选项 -r 的作用是告诉命令行递归地执行命令（cp 或 rm）——将命令应用于给定的目录名及从中找到的所有内容。rm -r 是一个需要小心使用的命令。在按 <Return> 之前，请确保确实要删除文件夹及其内部的所有内容。

B.1.4　Python 和 Conda

到目前为止，本节描述的大多数命令与 Python 无关。它们只是方便你在计算机的文件系统中四处移动，并根据需要创建和删除文件或目录。但是我们讨论这些是为了让 Python 编程更容易。如果愿意，你可以在命令行中完成所有的 Python 编程。

如前所述，可以直接从命令行启动 IPython、Jupyter 或 Spyder。要启动 IPython 会话，只需在命令提示符下输入"ipython"并按 <Return>。Python 将可以访问刚才所在目录中的所有文件。输入 jupyter notebook 将在浏览器中启动 Jupyter Notebook。同样，你会看到它会从刚才所在目录开始。如果需要访问该文件夹中的数据文件或脚本，则此行为非常方便。相比之下，Spyder 始终以默认文件夹启动，无论当前工作目录如何。你可以通过"首选项"菜单调整 Spyder 的默认目录。

当从命令行启动 IPython、Jupyter 或 Spyder 时，应用程序会一直占用终端窗口，直到退出为止。如果这时想输入操作系统命令，只需在终端应用程序中打开第二个窗口。

你也可以从命令行运行 conda 来安装和更新 Python 包及其他程序。例如，要获取最新版本的 NumPy，可以输入以下两个命令：

```
conda update conda
conda update numpy
```

每次使用 conda 命令时，都要确认是否要更新可用更新。你甚至可以直接从命令行运行 Python 脚本：

```
python my_script.py
```

当然，要运行脚本，首先需要编写脚本。为此，你需要一个文本编辑器。

B.2　文本编辑器

使用命令行时，经常需要编辑纯文本文件，包括 Python 脚本。为此，你需要一个文本编辑器。像 Microsoft Word 这样的文字处理应用程序是不行的，但你仍有很多选择。请选一个，学会使用它，学会热爱它。文本编辑器通常具有较陡的学习曲线，但你一定会越来越喜欢它。

几乎所有的文本编辑器具有搜索和替换文本的能力。另外，一个好的编程文本编辑器还应具有以下 3 个基本功能。

> **自动缩进**：编辑器应具有自动缩进功能，以确保代码块的正确缩进和对齐。
> **括号匹配**：编辑器应能识别未配对的括号，例如没有"）"的"（"，或者多余的"]"。
> **语法高亮显示**：这一实用的功能以不同的颜色和字体显示 Python 和其他编程语言的命令。编辑器将使用文件扩展名（例如 .py）来确定语言。通过语法高亮显示，你可以一眼发现许多编码错误。

每个操作系统都提供了具有这些功能的文本编辑器。Vim 和 GNU Emacs 是大多数 UNIX 和 Linux 系统内置的经典文本编辑器，它们也可以安装在 Windows 系统中。这些文本编辑器功能强大，不过需要一定练习才能掌握。GNU nano（简称"nano"）是一个具有所有基本功能的简单编辑器。Atom 是一个现代的开源编辑器，可以在所有操作系统中运行。

如果你是新手，还没有最喜欢的文本编辑器，可以使用 conda 包管理器安装 nano[①]：

```
conda install --channel conda-forge nano
```

要编辑文件，在命令行中输入 nano hello.py。你会看到一个空白文件，底部显示常用命令的描述[②]。创建一个简单的脚本，比如 print("Hello!")。要保存文件并退出，输入 <Ctrl-X>。nano 会询问你是否要保存所做的更改。确认要保存，并接受其建议的保存更改的位置。现在，从命令行运行该文件：

```
python hello.py
```

刚才，你只用命令行就创建并执行了一个可以运行的 Python 程序！

在上面提到的 3 个基本功能中，nano 的语法高亮显示和自动缩进是默认激活的。要匹配括号，将光标移动到括号上。然后，按 <Opt-]> 或 <Alt-]> 跳转到匹配的括号或显示"无匹配括号"。

打开编辑器并输入 <Ctrl-G>，可以获得 nano 命令的简要概述。更多信

---

① 或者，使用 conda install --channel conda-forge/label/gcc7 nano。
② nano 的帮助文本使用常见的缩写 ^X 来表示 <Ctrl-X> 等。nano 将接管其终端窗口，直至退出该程序。如果需要，可以在终端打开第二个窗口。

息可以在 nano 网站上了解。

如果你从命令行启动 IPython，那么 IPython 的魔法命令将协助你编辑文件和运行脚本。例如，`%edit my_script.py` 将在默认文本编辑器中打开 `my_script.py`。创建或编辑文件后，保存文件并退出编辑器。IPython 可能会自动运行你的文件。你也可以输入 `%run my_script.py` 来运行脚本。

你可以修改 IPython 配置文件来设置默认编辑器——使用命令行！ 导航到主目录，然后移动到一个隐藏的文件夹：

```
cd ~/.ipython/profile_default
```

使用 `ls` 命令检查是否有一个名为 `ipython_config.py` 的文件。如果没有，使用以下命令创建：

```
ipython profile create
```

现在你可以编辑此文件并更改 IPython 首选项：

```
nano ipython_config.py
```

找到以下两行：

```
## Set the editor used by IPython (default to $EDITOR/vi/notepad).
#c.TerminalInteractiveShell.editor = 'vi'
```

取消第 2 行的注释（删除 #），并将 `'vi'` 更改为 `'nano'` 或你选择的其他编辑器。保存并关闭。下次在 IPython 中输入 `%edit` 时，它将打开你选择的文本编辑器。

B.3 版本控制工具

你可能听说过 GitHub。这是一个程序员分享代码并共同开发出神奇软件的网站。想象一下，分散在全球各地的数百人在共同开发同一个编程项目。你可能会想，如何协调他们的工作并产生有用的东西？他们是轮流编辑程序吗？他们是通过邮件附件共享他们的工作吗？实际上，他们使用**版本控制工具**跟踪不同程序员所做的更改，并将它们合并到项目的单个工作版本中。

Git 是一种版本控制工具。更准确地说，Git 就是版本控制工具。虽然也有其他的版本控制工具，但 Git 之于版本控制就像谷歌之于互联网搜索一样。全世界数以千万计的程序员、科学家和工程师使用 Git 管理计算机编程项目——从网站到 Linux 内核，甚至人工智能等。

Git 的工作原理是跟踪**存储库**中的变化。存储库就像一个目录，但是它有特殊的文件夹和文件来跟踪其历史。Git 还可以将本地计算机上的存储库与存储在互联网上的"远程"存储库（GitHub 等网站）同步。如果你只想下载文件，则不需要账户。但是如果想把自己的工作存储在互联网上，就需要在服务器站点上建立一个账户。GitHub 和 Bitbucket 都提供免费的基本账户。建议现在设置一个账户来尝试一些命令；更具体地，我们将讨论 GitHub。

你可以用 Git 做很多事情。本介绍旨在帮助你开始使用一些最有用的命令。使用 Git 是备份工作、共享工作以及与其他程序员协作的好方法。

B.3.1 Git 如何工作

在开始使用 Git 之前，我们想从两个方面解释它是如何工作的：一是快照，二是本地与远程。这将帮助你理解下面的一些命令，并更有效地使用软件。我们还描述了 Git 如何管理内存，但你可以在第一遍阅读时跳过这一节。

快照

重要的是要理解你在文件夹中看到的文件和 Git 实际跟踪的文件之间的区别。Git 只在你要求的时候跟踪你要求跟踪的文件。它不跟踪你做的每一次修改。当你第一次将文件添加到存储库时，**Git 会保存文件的**快照：一个隐藏的压缩版本的文件。如果你修改了文件并保存了更改，这对 Git 没有任何影响。但是，在你的要求下，Git 会保存另一个快照。因此，Git 将存储库的历史记录存储为各个文件的快照。它可以快速重建任何文件的任何快照，甚至合并同一文件的不同快照。接下来的一些命令告诉 Git 何时拍摄快照（add），哪些快照要存储在历史记录中（commit），以及你希望使用哪个快照集合（branch）。想一想这个快照集合，它可能会使一些命令变得不那么神秘。

本地与远程

Git 可以帮助你跟踪计算机上的文件，在线备份文件，与他人共享文件，并将项目复制到其他计算机。这可以通过维护**本地**和**远程**存储库来实现。本地存储库位于你使用的计算机上。**远程**存储库是在线存储库，通常位于 GitHub 或 Bitbucket 等网站上。下面讨论的两个重要命令可用于更新本地存储库：add 和 commit。这些命令只会跟踪你使用的计算机上的更改，对其他任何地方都没有影响。如果你想在线备份你的工作或使用在线存储库的最新版本更新本地文件，则需要告诉 Git 在本地和远程存储库之间传输文件。用于此目的的常用命令是 push 和 pull。

T2 变更集和文件大小

Git 通过有效的压缩算法和内存管理，使得跟踪存储库中每个文件的每次更改并不会占用太多内存，也不会耗费太多时间传输文件。

快照是压缩的。首先，Git 永远不会存储重复的内容。快照只存储文件的内容。Git 可以判断出两个快照是否完全一样。即使文件夹中有几十个不同名称的相同副本，Git 存储库也只存储一个压缩快照（但列出共享该内容的所有文件名）。其次，Git 不时地对已经压缩过的快照进行压缩，以更有效地存储和传输文件。它存储每个文件的当前压缩快照和一个压缩的历史记录，此历史记录可以用来恢复任何以前的快照。这个压缩的历史记录包含"差异"或"变更集"：Git 不存储两个不同版本的文件，而是存储当前版本和对当前版本进行的更改，以重新创建较早版本。这些特性使得 Git 能够以一种快速、灵活、高效的方式来存储项目的完整历史。

Git 对于像 Python 脚本这样的纯文本文件最为有效。从一个快照到另一个快照的变化通常很小：向模块添加新函数、添加一些注释、删除一些不必要的绘图命令等。变更集很小时，将存储库的历史记录存储为压缩变更集非常有效。但是，对于其他类型的文件，看似微小的更改可能会产生重大影响。例如，JPEG 文件以压缩格式存储图像，如果对屏幕上看到的图像做一个小改动，压缩算法可能会产生完全不同的结果，变更集几乎与文件本身一样大。如果每个快照都与其他快照完全不同，变更历史就无法进行压缩，Git 就必须将每个图像的每个版本存储在存储库中。

许多常见的图像格式都有这种特点，如 JPEG、PNG、TIFF、GIF、BMP。其他常见的文件格式，如 PDF、文字处理文档（例如 .docx）和电子表格（例如 .xlsx）也是如此。对于许多应用，有可行的纯文本替代方案：无格式文本、Markdown、LaTeX 或 HTML，用于代替文字处理软件格式；逗号分隔值或制表符分隔值（.csv 或 .tsv），用于代替电子表格；SVG 和 PostScript 格式的图像。这样的文件通常也更容易用编写的程序和脚本创建、加载及处理。

我们建议无论你处理什么样的文件，都使用 Git 进行版本控制。Git 将忠实地跟踪你的项目。只是要注意，除非你使用纯文本格式，否则存储库可能包含一些非常大的隐藏文件来跟踪看似微小的更改。

综述

存储库是一个项目文件的快照集合。存储库可以是本地的，也可以是远程的。Git 可以处理任何文件集，但它最适合纯文本文件。

本附录的剩余部分将帮助你设置并开始使用 Git。使用 Git 有很多不同的方法，但我们重点介绍一组最少的工具。我们会解释如何创建本地和远程存储库，如何跟踪文件，如何在本地和远程存储库之间建立连接，以及如何同步它们。典型的流程可能如下。

（1）开始。使用 Git 创建新的存储库，或使用远程存储库的最新更改更新本地存储库。

（2）编写项目。更改文件。保存工作。

（3）告诉 Git 跟踪新的更改。

（4）根据需要，重复第（2）步和第（3）步。

（5）使用 Git 将所做的更改从本地存储库上传到远程存储库。

现在让我们来了解 Git！

B.3.2　安装和使用 Git

在开始之前，建议在 GitHub 网站注册一个账户。注册账户很简单而且免费。完成后，你可以使用自己的账户来完成随后的命令。许多命令只影响本地存储库，不需要在线账户就可以正常工作。但是，`clone`、`pull` 和 `push` 需要使用在线存储库，而且 `push` 需要一个你有更改权限的在线存储库（例如，你自己创建的在线存储库）。

安装 Git

如果使用 Linux 或 macOS 系统，那么你的计算机上已经安装了 Git。要确认，请打开终端，并在命令提示符下输入以下内容：

```
git --version
```

如果使用 Windows 系统，则可能需要安装 Git。可以在 Git for Windows 网站下载该软件。安装完之后，你应该能够从 Anaconda Prompt 运行 Git。如果失败，可以使用同一网站上的 Git Bash 应用程序代替。

现在可以开始使用 Git 了。打开命令令行 —— 终端、shell、Anaconda Prompt 或 Git Bash 应用程序，并完成以下示例。

注意，Git 对下面命令中使用的许多选项都有简短的缩写，以节省输入。为清晰起见，我们在这里使用长版本，但你可能会在其他地方遇到缩写版。

设置 Git

在使用 Git 管理文件之前，应该指定部分选项来使工作更加便捷。在命令行中输入以下命令，并将引号中的内容替换成你的实际信息，告诉 Git 你的身份以及你想要使用的编辑器（默认是 vi，如果你不知道那是什么，现在就应该去修改这一项）。

```
git config --global user.name "<Your Name>"
git config --global user.email "<username@myschool.edu>"
git config --global core.editor "nano"
```

创建本地存储库

Git 会跟踪文件夹中文件的更改。如果要开始跟踪计算机上文件集合的更改，请移动到包含这些文件的目录或新的空目录，然后输入：

```
git init
```

这将在当前目录中创建一个隐藏文件夹，用于存储其历史记录。文件夹名为 .git。你可以浏览其中的内容，但不要更改或删除它。现在你有了一个本地存储库。

创建新的远程存储库

你可以使用 GitHub 上的账户创建远程存储库。登录 GitHub 网站并单击最左上方的图标，这将显示你现有的存储库。其中包含一个按钮，允许你创建新的存储库。单击此按钮，为存储库命名，选择公开还是私有，然后单击"创建存储库"。你现在有了一个远程存储库。只要它是空的，GitHub 就会描述几种将文件放入其中的方法。

复制现有远程存储库

你可以在 GitHub 上复制现有项目，而不是创建空的存储库。例如，你可以对本书中出现的代码示例存储库进行**分叉**。使用 GitHub 上的搜索框查找 dr-kinder/code-samples。访问此存储库——或者 GitHub 上数百万个其他存储库中的任何一个，你将在页面右上角看到"Fork"按钮。单击它。现在，你有了这些文件的远程副本，可以根据需要进行编辑和实验。

分叉是 GitHub 和 Bitbucket 等网站的一个特性，不是 Git 的特性，但它是分享代码和协作的常见方式。将项目分叉到自己的账户后，可以将其复制到本地计算机并开始编辑。

将远程存储库复制到本地存储库

GitHub 和 Bitbucket 这样的网站非常适合存储和共享文件，但是要编辑文件和运行程序，你可能需要把这些文件复制到计算机上 [1]。Git 提供的 clone 命令可以完成这件事。要在自己的计算机上创建远程代码示例存储库的本地副本，请打开终端，导航到要保存代码示例文件夹的文件夹，然后使用以下指令克隆项目：

```
git clone http://...
```

其中，http://... 为 GitHub 上的存储库链接。当 Git 正在将目录克隆到计算机上时，你会看到 Git 发出的一些消息。

如果尝试克隆一个私有存储库，可能会要求你输入密码。

链接本地和远程存储库

现在，你可以在本地存储库（存储在你计算机上的文件）和远程存储库（存储在云端的文件）之间建立链接。只有在创建新的远程存储库或没有权限写入克隆的存储库时才需要执行此步骤。（因此，如果你已将 code-samples 存储库分叉到自己的 GitHub 账户，然后将分叉的副本克隆到本地计算机，则可以跳过此步骤。）

要建立链接，请使用命令行导航到本地存储库。这需要使用以下指令：

```
git remote add origin http://...
```

其中 http://... 为 GitHub 上新创建或克隆的远程存储库的链接。此时可能会要求你提供 GitHub 凭据。Git 会记住凭据以备将来使用。

origin 是链接到本地存储库的远程存储库的标准别名。可以输入 "origin" 而不是网址，以节省之后的输入。现在，我们可以通过命令行在计算机上的本地存储库和 GitHub 上的远程存储库之间共享和同步文件。

---

[1] 情况可能并不总是这样。例如，Google Colab 是一个使用 Google Cloud 在浏览器中运行的 Python 开发环境。你可以编辑、运行、保存和共享 Jupyter Notebook，而无须在计算机上存储任何文件。你甚至可以将其链接到 GitHub 账户。请参阅 Google Colab 网站。

创建项目的多个版本

你可能想要保留原始的代码示例作为参考，但又要对它们进行改动以了解它们的工作原理。Git 允许你在存储库中创建不同的**分支**，从而实现这一点。每个分支都是项目的独立版本：一个分支的更改不会影响其他分支。不过，由于 Git 正在跟踪存储库的所有更改，因此你可以在分支之间共享更改。这意味着，当你在单独的分支中尝试更改时，你始终可以拥有项目的稳定版本。

如果要学习本书的配套示例，请移动到 code-samples 目录中。确保你在正确的位置。除非你在 code-samples 目录中，否则以下命令将无法正常工作。要查看你是否在正确的位置，请输入：

```
git status
```

如果出现问题，你会看到一条以"fatal: not a git repository"开头的消息。这意味着你没有处于正确的目录中。如果一切顺利，你应该看到以"On branch master"开头的几行消息。

master 是项目主分支的默认名称。创建新存储库时，它是唯一的分支。可以使用以下命令创建新分支：

```
git branch archive
```

现在，项目中有一个名为 archive 的独立分支，无论你对主分支中的代码做出了何种更改，archive 分支始终包含未修改的原始版本。

创建一个单独的开发分支（dev），并"检出"这个分支（就像从图书馆中借出一本书）：

```
git branch dev
git checkout dev
```

该分支将跟踪文件的更改，但不会修改 master 分支或 archive 分支。更改只会影响项目的此开发版本，但你也可以从其他分支导入更改。

你还可以向远程存储库添加新分支。这使得你可以很容易地与其他人分享你的工作。另外，如果你切换到另一台计算机，你还可以从上次离开的地方继续工作。要将开发分支添加到在线存储库，请使用以下命令（这可能会要求你输入 GitHub 密码）：

```
git push --set-upstream origin dev
```

push 是一个 Git 命令，它将本地存储库分支中的更改应用到远程存储库分支。--set-upstream 选项告诉 Git 记住这个远程分支，以便将来使用 push 命令。这次，对存储库的唯一更改是创建一个新分支。如果在 GitHub 上访问自己的项目，你现在应该会看到项目的一个新分支。接下来，我们将介绍当你更改项目分支中的文件时会发生什么。

B.3.3 跟踪更改并同步存储库

查看更改内容

编辑文件夹中的文件，或创建新文件并输入一些文字。保存工作，然后退出编辑器。尽管你已经把修改过的文件保存到本地计算机上，但这些更改还没有成为存储库的一部分。要查看这些更改，请输入：

```
git status
```

你应该会看到一条关于一个或多个已修改文件的消息。

将快照添加到本地存储库中

当完成更改或准备保存更改时，你必须将其添加（add）并提交（commit）到存储库中，以便 Git 跟踪这些更改。

```
git add .
git status
git commit
```

第一个命令的作用是告诉 Git 拍摄你所修改的所有文件的快照（此操作有时称为"暂存"）。add 后的句点表示"自上次创建或修改的所有文件"，你可以指定一个文件名或文件名列表来代替。第二个命令的作用是显示第一个命令所影响的更改。第三个命令的作用是将新快照永久添加到存储库中。

git commit 将在文本编辑器中打开一个新的空文件。你可以借此机会描述即将保存到存储库中的更改。你应该在第一行中用简短的信息总结或解释这些更改。如果你想写更多，请留下一行空白，然后添加更详细的描述。保存并退出编辑器。Git 现在已将这些更改添加到存储库中。再次输入 git status 可以看到效果。

导出更改

你已更新了本地存储库，但远程存储库还没有更新。现在是将这些更改从计算机推送到 GitHub 的时候了：

```
git push
```

就是这样！你提交到本地存储库分支的所有更改现在已经添加到远程存储库分支。你可以将在线存储库克隆到另一台计算机上，然后从你原来的地方继续进行。你大可放心，因为你知道你的工作已经备份了副本。add、commit 和 push 要经常使用。

push 可以将一个存储库的任意分支的更改导出到另一个存储库的任意分支。在这里，我们利用了前面创建远程存储库分支时使用过的 --set-upstream 选项。除非明确指示 Git 以其他方式进行操作，否则 Git 会自动将本地存储库分支的更改推送到远程存储库分支。

合并分支

在开发分支中完成修补、调试和编辑后，可以使用 merge 命令将更改合并到另一个分支中。检出要更新的分支，然后使用 merge 命令指定要从中导入更改的分支：

```
git checkout master
git merge dev
```

现在，对 dev 分支所做的所有更改都已经包含在 master 分支中了，这次合并对 dev 分支没有影响。你应该把更改也推送到远程存储库。你可以使用分支和合并同时处理项目中的多个不同任务，同时在新更改准备就绪之前保持工作版本可用。不同的开发者也可以在同一个项目的不同分支上工作，并将他们的更改汇集到 master 分支中。

导入更新

假设你在一台计算机上做出了更改，并将更改推送到远程存储库。如果你开始在另一台计算机上工作，那么在进行新的更改之前，你需要更新本地存储库。或者，如果你正在与其他人合作，并且每个人都将自己的更改推送到同一个远程存储库，则需要不时使用项目的最新版本更新本地存储库。使用 Git 从远程存储库拉取更改到本地存储库。

拉取之前先提交本地更改。

如果不提交最新更改，它们可能会被覆盖并丢失。

```
git add .
git commit
git pull origin master
```

pull 会将远程存储库 master 分支中的新文件和更改导入本地存储库的当前分支，然后将这些文件和更改合并到项目的当前版本中[①]。

如果你克隆了一个存储库，即使你没有权限将更新推送（使用 push）到远程存储库，也仍然可以拉取（使用 pull）更新到本地存储库。

忽略文件

不是文件夹中的每一个文件都需要跟踪。你可以选择不添加某些文件，或者明确指示 Git 忽略它们。一种方法是创建一个名为 .gitignore 的隐藏文件，并维护一个 Git 应该忽略的文件列表。.gitignore 文件可以像任何其他纯文本文件一样打开和编辑（参见 B.2 节）。例如，.gitignore 文件可能具有以下行：

```
figure1.pdf
figure2*
*.jpg
```

Git 在处理 .gitignore 文件时理解通配符语法，参见 B.1.1 小节。

该文件指示 Git 忽略 figure1.pdf（但不包括其他 PDF 文件）、任何名称以 figure2 开头的文件（如 figure2.jpg、figure2.png 和 figure2.pdf）以及所有 JPEG 文件（figure1.jpg、figure2.jpg 等）。你仍然可以添加一些原本会被忽略的文件：

```
git add figure2.jpg
```

如果一个文件已经是存储库的一部分，将其名称添加到 .gitignore 文件中将导致 Git 停止跟踪更改，但它不会从存储库中删除该文件或其过去的历史记录。

处理冲突

Git 非常善于合并文件。即使多个作者对同一个文件做出了更改，Git 通

---

① pull 结合了两个单独的 Git 命令：fetch 和 merge。fetch 将更改复制到存储库中，但不实施更改；merge 将尝试实施所有更改。

常也可以自动将它们编织成一个连贯的版本。然而，如果两个作者更改了文件的同一行，或者你在存储库的两个不同分支中对文件的同一行做出了不同的更改，就会导致 Git 不清楚要保留哪一行。Git 不会猜测，而是会标记冲突，提醒你去解决，并暂停合并或拉取操作。Git 会发出如下警告：

```
CONFLICT (content): Merge conflict in file.txt
```

打开这个文件，你可以看到 Git 在哪里遇到了问题。它会在该文件中插入额外的行来显示冲突：

```
<<<<<<< HEAD
You can't change this line.
=======
I can change this line.
>>>>>>> dev
```

在这个例子中，当前分支（用 HEAD 表示）中的文件与 dev 分支中在 file.txt 中相同位置处的句子不同。两个冲突的版本由等号分隔。要解决冲突，选用一个句子并删除另一句，以及被额外添加的以一串 <、> 或 = 开头的行。以这种方式解决所有冲突后，添加并提交更改以完成合并[①]。

B.3.4　实用工作流汇总

这里有几个常见的任务，它们结合了多个 Git 命令。我们把它们收集在这里。

创建新项目

```
mkdir new-project
cd new-project
git init
...
[ 编辑文件并保存 ]
...
git add .
git commit
```

此时，你可能希望链接到远程存储库并推送更改。

---

① 如果经常遇到这个问题，你可能需要研究一下"合并工具"，比如 Meld 或 KDiff3。

克隆项目

首先将项目分叉到你的 GitHub 或 Bitbucket 账户，然后克隆它：

```
git clone http://...
cd new-project
git branch archive
git branch dev
git checkout dev
git push --set-upstream origin dev
```

跟踪并备份你的工作

```
...
[ 编辑文件并保存 ]
...
git add .
git commit
git push
...
[ 做出更多更改 ]
...
git add .
git commit
git push
```

在退出项目之前，一定要做最后的推送，以便在其他计算机上继续工作或与协作者共享。

将更新下载到项目

```
git add .
git commit
git pull origin master
```

有了分支、合并、推送和拉取，许多人就可以在同一个项目中同时进行多个任务。这些过程是开源编程中有组织混乱的一部分。现在你可以加入其中了！

B.3.5 故障排除

使用 Git 很容易犯错误，而且该程序对初学者不太友好。但它很强大，你不太可能犯一些无法挽回的错误。但是，弄清楚如何解决问题可能需要一段时间。学习使用 Git 时，以下情况通常会出现。我们提供了一些黑盒命令，可能有助于你回到正轨。

我试图提交更改，但什么都没有发生。Git 崩溃了吗？

没有。请输入：

```
git status
```

如果你看到"not a git repository"（非 Git 存储库）的消息，则表示你处于错误的目录，或者你从未使用 `git init` 创建过存储库。如果你看到"untracked files"（未跟踪文件）或"changes not staged for commit"（未提交更改）的消息，则表示你没有指示 Git 跟踪更改。使用以下命令添加特定文件：

```
git add <filename>
```

或使用以下命令添加所有未跟踪的更改：

```
git add .
```

糟糕！我弄乱了一个文件，并保存了更改。我能回到以前的版本吗？

能。如果只需要撤销对一个文件的更改，请使用 checkout：

```
git checkout -- <filename>
```

这将使文件恢复到上次提交时的状态。如果需要，你可以将整个存储库恢复到最后一次提交时的状态：

```
git reset --hard
```

注意，这将使**所有文件**恢复到先前的状态，而且你无法撤销此操作。

糟糕！我不小心删除了所有的文件。这是否意味着我必须重新开始？

不需要。如前一个问题所述，只需恢复到存储库的先前版本。你的所有文件都会回来。

但是我在删除文件之后就提交了。这是否意味着我必须重新开始？

不需要，你可以回滚到一个早期的提交。你需要查找早期提交的唯一标签。要查看所有以前提交的记录，请使用 log 命令：

```
git log --oneline
```

这将显示你已提交的所有更改的列表，以及"commit ID"（十六进制的唯一标识符）和编写的注释。如果要将所有文件还原为以前的版本，请使用以下命令：

```
git revert --no-commit <commit ID>..HEAD
git commit
```

如果只想还原特定文件，请使用 checkout 获取所需文件的版本：

```
git checkout <commit ID> -- <filename>
```

糟糕！我忘记检出开发分支，并向 master 分支提交了更改。我不想在推送时覆盖该分支。我必须重新开始吗？

不需要。你可以从一个本地分支拉取另一个本地分支。首先，检出想要使用的本地分支；然后，从你无意中提交的分支中合并更改：

```
git checkout dev
git merge master
git commit
```

现在，你应该能够将更改推送到项目的远程开发分支。要撤销对 master 分支所做的更改，请使用 revert 命令，如前一个问题所述。在提交开发分支中的更改之后再执行此命令。执行此命令后，更改将从 master 分支中消失。

糟糕！我更改了一些文件，忘记提交更改，然后不小心删除了它们。这是否意味着我必须重新开始？

是的。你应该经常提交更改。Git 是版本控制软件，不是时光机。

更多信息

我们只是触及了 Git 功能的皮毛。如果你想要更全面的介绍，请参阅 Chacon 和 Straub 撰写的书 *Pro Git*。如需实际操作介绍，请访问 GitHub 学习实验室网站或 Bitbucket 网站上的教程。你还可以使用 Google 和 Stack Overflow 进行学习。

B.4 结论

这个附录有很多东西需要消化，如果从未在命令行中工作过，你可能会感到有些害怕。不过，学习这些工具可以帮助你积累编程经验，使你成为更好的程序员。有些事情做起来在命令行中更容易，版本控制也是一项了不起的发明。而一个好的文本编辑器可以将它们结合在一起。

附录 C

Jupyter Notebook

编写和运行 Python 代码有很多种方式。可以直接使用文本编辑器编写脚本，并从操作系统的命令行运行它们。但许多"前端"系统已经开发出来，使编码更容易，其中之一是贯穿本书的 Spyder 集成开发环境。本附录描述了另一个流行的选择：Jupyter Notebook 系统[①]。

Jupyter 笔记本就像真实笔记本一样，可以记录你的工作。它是显示在网络浏览器中的交互式文档。但是，所有文件都存储在你自己的计算机上，而不是网络服务器上。每个笔记本由一系列**单元格**组成。单元格可以包含可执行代码或格式化文本。这意味着你可以在源代码旁添加高品质的文档。Jupyter 笔记本也很容易与他人分享。其他人可以打开你的笔记本，一边阅读优美的注释，一边运行或修改你的代码。

现在来看 Jupyter 笔记本。

---

① "Jupyter Notebook"是"IPython Notebook"的一个扩展，最终将被合并到"JupyterLab"中。该界面类似于 Mathematica、Maple 和 Sage 的笔记本环境。

C.1 入门

尽管可以在网络浏览器中查看 Jupyter 笔记本，但你必须先在计算机上安装笔记本软件。当安装 Anaconda 发行版时，笔记本软件会自动进行安装。另外，也可以使用 conda 包管理器单独安装（见附录 A）。

C.1.1 启动 Jupyter Notebook

安装软件后，可以使用以下命令从操作系统的命令行启动 Jupyter Notebook 会话：

```
jupyter notebook
```

你还可以使用 Anaconda Navigator 应用程序启动 Jupyter Notebook 应用程序。你可能会收到如下消息（其中"http://..."是一串带有 token 参数的地址）：

```
Copy/paste this URL into your browser when you connect for the first
time, to login with a token: http://...
```

按照上述指示将地址粘贴到浏览器中。

浏览器将会打开一个窗口，左上角显示"Jupyter"（见图 C.1）[1]。默认情况下，3 个面板中的第一个被选中。这是一个文件浏览器，可用于查找和打开现有笔记本或创建新笔记本。如果从操作系统的命令行或 Anaconda Prompt 打开 Jupyter 笔记本，则文件浏览器将在发出命令的目录中启动[2]。如果从 Anaconda Navigator 启动，则文件浏览器将在主目录中启动。

图 C.1　Jupyter Notebook 文件浏览器

---

[1] 启动 Jupyter 时会启动几个看不到的"后台进程"。这些进程与网络浏览器通信，网络浏览器再与你通信。即使处于离线状态，Jupyter 和笔记本也可以工作，因为它们位于你的计算机上。网络浏览器只是为人类用户提供一个方便和熟悉的界面。

[2] 见 B.1.1 小节。

C.1.2 打开笔记本

如果你还没有笔记本，使用文件浏览器导航到要创建笔记本的文件夹。（你可以在文件浏览器右上角的 NEW 按钮创建一个新文件夹。选中新文件夹旁边的复选框，然后单击 RENAME 对其进行重命名。）接下来，单击 NEW 按钮，从下拉菜单中选择"Python 3"。一个新的浏览器选项卡将打开一个 Jupyter 笔记本，其中包含一个名为 In[] 的空代码单元格（见图 C.2）。输入 1+1，然后单击 ▶ 按钮或者按住 <Shift-Return> 键。你已经在 Jupyter 笔记本中运行了你的第一个代码！

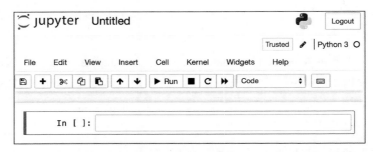

图 C.2　新的 Jupyter 笔记本。所选单元格上的边框表示 Jupyter 处于输入模式

可以使用 ▣ 按钮、Jupyter 菜单项"File">"Save"或快捷键 <Cmd-S> 保存笔记本（使用 Jupyter 窗口内的菜单，不要使用浏览器的菜单项）。现在你可以在计算机的文件系统中找到它（可能命名为 Untitled.ipynb）。如果想重命名文件，只需单击页面顶部的笔记本名称，或者使用菜单选项"File">"Rename..."。

你也可以打开保存在计算机上的现有笔记本。你可以下载该笔记本、打开它、修改它，并调试自己的副本。你也可以从网上下载许多其他笔记本。

C.1.3 多个笔记本

你可以同时运行多个笔记本。回到文件浏览器选项卡，创建第二个新笔记本，然后执行一些其他计算。你现在有两个独立的笔记本会话。每个会话都有自己的状态，包括所有变量的值。笔记本之间没有共享信息。你可以在文件浏览器选项卡中跟踪所有打开的笔记本（只需选择 RUNNING 面板）。在此面板中，你可以有选择地终止任何正在运行的笔记本。

C.1.4　退出 Jupyter

完成计算和编辑后，需要确保终止 Jupyter 在计算机上运行的所有进程。仅仅关闭网络浏览器中的选项卡并不能达到目标。

首先，关闭每个笔记本。在笔记本中，使用菜单选项"File" > "Close and Halt"。这将关闭笔记本并关闭后台运行的 Python 进程。或者，也可以使用文件浏览器。选择 Running 面板以查看所有活动的笔记本列表。每个按钮旁边都会有一个 SHUTDOWN 按钮。使用它关闭所有活动笔记本。

接下来，需要终止 Jupyter Notebook 应用程序本身。最简单的方法是使用 QUIT 按钮（见图 C.1）。或者，找到与应用程序相关联的终端窗口。如果你是从 Anaconda Navigator 启动的 Jupyter Notebook 应用程序，则需要找到显示 NotebookApp 一系列消息的应用程序窗口：

```
[I 03:14:04.679 NotebookApp] ...
[W 03:17:26.088 NotebookApp] ...
...
```

如果你是从操作系统的命令行启动的 Jupyter Notebook，那么这将是输入启动命令的终端窗口。单击此应用程序。通过输入 <Ctrl-C> 彻底关闭 Jupyter Notebook 应用程序。程序将要求确认。依次按 <Y> 和 <Return> 确认。程序现已关闭。

本附录的其余部分简要概述了 Jupyter 笔记本的一些有用功能。然而，学习如何使用 Jupyter 笔记本的最佳方法是创建自己的笔记本，并探索他人创建的笔记本。

C.1.5　T2 设置默认目录

将所有工作放在一个位置是很好的做法。可以为 Jupyter 笔记本会话设置默认启动文件夹（这类似于在 Spyder 中选择"当前工作目录"）。然而，目前在 Jupyter 中无法实现此功能。必须使用操作系统的命令行。在命令行中，输入：

```
jupyter notebook --generate-config
```

这将生成一个名为 jupyter_notebook_config.py 的配置文件。这是一个 Python 文件，作用是每次启动 Jupyter 时设置一系列选项。它将位于

主目录中名为 `.jupyter` 的隐藏文件夹中。在文本编辑器中打开此文件。搜索以下行：

```
## The directory to use for notebooks and kernels.
#c.NotebookApp.notebook_dir = ''
```

取消第 2 行注释，并将空字符串替换为要运行 Jupyter 的文件夹的名称，如 `/Users/username/scratch/jupyter`。保存并关闭。下次启动 Jupyter 时，它将在此文件夹中打开。

C.2　单元格

当创建一个新的空白笔记本时，它由一个单元格组成。每个 Jupyter 笔记本由一个或多个单元格组成。每个单元格可以是以下三种类型之一：

➢ 可执行的 Python 代码（或 100 多种其他编程语言的代码），可能附带该代码的输出；
➢ 使用 Markdown 系统格式化的文本；
➢ 纯文本。

你可以选择任意单元格，然后使用"插入"菜单在其前面或后面插入新单元格。

C.2.1　代码单元格

代码单元格是用于输入 Python 命令的单元格。一个代码单元格可以包含多个 Python 语句。如果代码生成输出，则它将出现在 `Out[N]:` 提示符之后。

在代码单元格中可以获得帮助。在一个单元格中输入 `np.power?` 并运行，它会弹出一个窗口，其中包含文档。使用 `help(np.power)` 也会在当前单元格中显示同样的信息。

一系列代码单元类似于 Python 脚本，但是 Python 不一定会按照你输入的顺序执行命令。当你创建新笔记本或打开现有笔记本时，Jupyter 会在后台启动 IPython **内核**。这是在会话期间执行所有 Python 代码的程序[1]。你可以在

---

[1] Jupyter Notebook 和 Spyder IDE 都建立在 IPython 解释器之上。本书中的所有 Python 代码和 IPython 魔法命令都可以在代码单元格中运行。

代码单元格中输入代码，并且按照选择的任何顺序运行它们。或者，你可以选择一组单元格，并使用"Cell"菜单依次运行它们。

笔记本会告诉你单元格按照何种顺序执行。当你创建了一个空白笔记本时，该单元格被标记为 In []。当你要求 Jupyter 执行计算时，代码单元格的名称改为 In [1]，以表明这是在该会话中你要计算的第一个单元格。当你有许多单元格时，你可以按照你想要的顺序运行。单元格名称表示该单元最近一次计算时的序列号[①]。

当执行各个单元格时，每个笔记本都会记住其状态。即使稍后删除了单元格，执行单元格对 Python 状态的影响仍然存在。要重新开始，可以重新启动内核。使用页面顶部"Kernel"菜单中的一个重启选项。另外，还有一个 ⓒ 按钮，可以用来完成这个操作。

终止或重新启动内核后，即使内核的状态已丢失，所有输出仍在代码单元格中可见。如果你想保存笔记本或与其他读者共享，这将是一件好事。然而，如果你想从头开始重新运行笔记本，这种行为可能会令人困惑。你可能很容易混淆最新运行的输出和上一次运行的输出。对于这种情况，Jupyter 提供了一个方便的菜单项，名为"Kernel"＞"Restart & Clear Output"。

C.2.2　图形

如果单元格中的代码生成图形，则默认情况下该图形将显示在单元格的输出区域中（可能需要添加 plt.show() 命令来渲染图形）。

如果你喜欢交互式图形而不是默认的"行内"行为，在导入 PyPlot 后立即使用以下"魔法"命令，这样就不需要使用 plt.show() 命令了：

```
%matplotlib notebook          # 创建交互式图形
```

新图形在交互式绘图窗口的右上角有一个"电源按钮"。在单击之前进行所有调整和探索。一旦单击，图形将被冻结在当前状态，直到你再次运行单元格生成它。

如果要切换回行内图形，请使用魔法命令：

```
%matplotlib inline            # 在单元格中显示静态输出
```

[①]　当单元格运行时间较长时，其名称将会暂时更改为 In [*]，以表示它仍在处理中。

C.2.3　Markdown单元格

默认情况下，新单元格是代码单元格，但你可能希望添加一些解释、注释或反思。你可以在代码单元格中使用 Python 注释，但 Jupyter 笔记本提供了一种更灵活的文本输入方法。选择一个或多个单元格，然后使用"Cell">"Cell Type"菜单将其更改为 Markdown 模式。现在，你可以在单元格中输入不执行的文本。输入的内容显示为纯文本。完成后，使用▶️按钮运行，就像代码单元格一样。纯文本输入被更美观的输出所取代。如果要更改输入的内容，双击单元格。你将看到输入的纯文本，然后可以开始编辑。

你可以使用 Markdown 语言格式化文本。单元格甚至可以包含使用 MathJax 渲染的数学表达式[①]。这些功能的描述超出了本附录的范围，但示例笔记本演示了一些可能性。网络搜索"jupyter notebook gallery"可以找到许多示例。

C.2.4　编辑模式和命令模式

Jupyter 笔记本主要有两种操作模式。在命令模式下，按键可以在笔记本中执行操作：保存文本、计算代码单元格、插入或删除单元格等。在编辑模式下，输入会在单元格中产生文本。

双击任何单元格即可进入编辑模式。如果当前单元格已高亮显示，也可以按 <Return> 进入编辑模式。（但是，请记住，编辑单元格对内核的状态没有影响，只有当你真正运行该单元格时，操作才会生效。）你可以随时单击单元格外部或按 <Esc> 键离开编辑模式并进入命令模式。现在，许多常见操作可以用一个键来完成。例如，<X> 表示删除当前单元格。如果在命令模式下意外按下 <X>，可以使用 <Z> 撤销操作。另一个有用的快捷键是 <S>，它可以保存你的笔记本。在命令模式下按 <H>，或选择"Help">"Keyboard Shortcuts"可以查看完整的快捷键列表。学习一些键盘快捷键可以更加简单和高效地使用 Jupyter 笔记本。

---

① MathJax 允许你使用大多数 TeX 和部分 LaTeX 命令在网页中生成漂亮的数学输出。见 MathJax 文档网站。

C.3 共享

只需向运行 Jupyter 的任何人发送 .ipynb 文件，即可与他们共享笔记本文件。你还可以使用 Jupyter 菜单项 "文件" > "下载为" 以其他格式导出静态版本。HTML 版本的笔记本只需要网络浏览器即可查看。如果你的系统上安装了免费的 LaTeX 软件，你还可以将笔记本转换为 PDF 文件。最后，你可以通过网络共享你的笔记本。

如果将笔记本保存到 Dropbox，则可以将笔记本的链接分享给其他人。即使他们的计算机上没有安装 Python 或 Jupyter Notebook，也可以转到 Jupyter 笔记本查看器，输入链接并查看你的笔记本。GitHub 网站上的代码库甚至在网站中内置了一个笔记本查看器。如果你将笔记本上载到那里，任何人都可以查看、下载或使用文件链接在笔记本查看器中查看。另一个强大的协作系统是 Google Colaboratory（见 Google Colab 网站）。

可以使用 "File" > "Download as.py" 将笔记本导出为独立的 Python 脚本。除了代码单元格的所有内容都将转换为 Python 注释。

C.4 更多详细信息

本附录中的信息足以让你开始使用 Jupyter Notebook。有关更多信息，请查看 Jupyter 的技术文档。该网站包含 Markdown、MathJax、其他编程语言和许多其他主题的信息。

C.5 优点和缺点

Jupyter 笔记本允许你在一个文件中完成工作、记录工作并查看结果。这使它们非常适合探索新想法、解决问题和协作。Jupyter 笔记本对于展示作品也很有用。笔记本消除了在格式化文档中添加代码和图形的痛苦步骤。（尝试使用文字处理软件创建一个类似的文档，你就会看到 Jupyter 笔记本的优点！）Jupyter 笔记本在教学中也很有用。教师可以使用笔记本进行演示、课堂协作和作业。一个部分完成但部分未完成的笔记本可以作为学生项目的有用起点。

Jupyter 笔记本可以做很多事情，但没有一种工具是适合所有工作的。浏览器界面相当于在程序员和机器之间添加了一层软件，性能可能会受到影响。复杂的图形有时可能会使浏览器崩溃。许多科学家和程序员更喜欢使用Spyder 这样的 IDE 来编写和调试大型程序，尤其是涉及多个文件的大型程序。将一个笔记本转换成一个完美的软件是非常困难的。

尝试 Jupyter 笔记本。你可能会发现 Jupyter 笔记本是你处理某些工作的理想工具。

附录 D
错误和错误消息

现在正是犯错的大好时机。学习新功能时，应该尽早多犯错误。这样你就能看到错误消息，以后不小心出错时就能明白消息的意思。

——艾伦·B. 唐尼

每个人都可能犯错。当 Python 检测到错误时，它会停止程序并显示错误消息。这个过程叫作"引发异常"。

当然，Python 并不能读懂你的意图，至少目前还做不到。如果你输入了语法正确的代码，但并不是解决问题所需的代码，Python 也不能帮你发现这个问题。因此，你必须自己测试和调试代码。有时，即使 Python 检测到了错误，也不一定能给你正确的解决方案。

本附录并不是要收录 Python 的所有错误消息，而是仅介绍部分常见错误并进行讲解。等你了解 Python 如何解释代码之后，就能深刻理解这些错误消息的含义。

D.1 Python 错误概述

在讨论细节之前，我们先来看 Python 处理错误的一般方法。遵循本章开头的建议，尝试犯一些错误。首先，输入 %reset 清除所有变量和模块。然后，在命令提示符中输入以下命令：

```
1/0
import nump as np
abs('-3')
a = [1,2,3]; a[3]
b = [1,2,3)
b[0]
```

每一个命令都会产生不同的错误消息。请注意，每个错误都有一个名称，例如 ZeroDivisionError、TypeError、SyntaxError 等，名称后跟一条消息。当 Python 检测到错误时，它会引发异常。你可以手动引发异常，甚至显示自定义消息。尝试以下命令：

```
raise TypeError
raise ZeroDivisionError("You should not divide by zero!")
```

Python 对许多常见错误进行了分类。因此，当遇到一个错误时，Python 会尝试描述错误的原因，并显示程序员提供的额外消息。这些消息乍看之下可能没什么用处，但与低级编程语言的"段错误"相比，它们是非常有帮助的。

Python 不仅允许程序引发异常，还允许你在程序终止之前捕获异常。要了解两者的区别，请尝试以下两种"除以零"的方法：

```
import numpy as np
np.divide(1, 0)
1/0
```

编写 NumPy 的程序员认为，有时候除以零也无可厚非，因为有些函数确实有奇点。因此，他们将 ZeroDivisionError 异常降级为 RuntimeWarning，从而允许一些奇异函数返回一个值[1]。这种行为使得NumPy 可以处理整个数组，即使某些元素涉及的数学运算没有定义，也能够返回结果。相比之下，原生 Python 会停止执行并提醒用户。

---

① 有些编译环境会抑制 RuntimeWarning，并且只返回 np.inf 而不会报错。

你可以使用 Python 的异常处理来改变默认行为。函数调用可能会引发异常，但你可以在整个程序停止之前捕获异常，并执行其他操作。尝试输入以下代码：

```
try:
    1/0
except ZeroDivisionError:
    print("1/0 -> infinity")
```

以上语法的作用是告诉 Python "尝试"运行第一个缩进块中的代码。如果发生错误，Python 将对其进行检查。如果错误不是 ZeroDivisionError，Python 将停止程序并打印错误消息。如果 Python 发现 ZeroDivisionError 错误，它将运行第二个缩进块中的代码，并且没有进一步警告。这是异常处理的一个例子。异常处理是一种有用的技术，你可以在自己的程序中使用异常处理。

在当前阶段，你不需要深入了解异常和异常处理。重要的是要知道，Python 会通过抛出异常来提示错误的性质，但不同的程序可能会以不同的方式处理相同的错误。

现在我们来看一些常见的错误。

D.2 一些常见错误

SyntaxError

这是语法错误是初学者最常见的错误。这通常意味着你输入的命令不正确。要产生语法错误，尝试以下代码：

```
abs -3
```

对于人类读者而言，这里的意思很容易明白，但 Python 不是人类读者。它知道一个叫作 abs 的函数，但调用这个函数时，应该在括号中传入参数。你没有使用正确的语法调用此函数，因此 Python 引发了一个 SyntaxError。

有时，Python 能够准确定位错误发生的位置。例如，如果你在测试相等性时使用了单个等号：

```
if q = 3:
    print('yes')
```

```
else:
    print('no')
```

Python 会产生以下输出：

```
File "<ipython-input-87-19c154aec9ce>", line 1
    if q = 3:
          ^
SyntaxError: invalid syntax
```

在这里，尖角号（"^"）用于显示 Python 检测到错误时的位置。需要注意的是，语法错误实际上可能位于被标记行的前一行中。Python 会等待直到"确定"存在错误，才会引发异常。因此，如果你发现被标记行看起来没有问题，请向前查找，看看前一行是否存在错误。

括号不匹配是语法错误的常见来源。例如，尝试以下语句：

```
x = -3
print(abs(x)))
```

如果 Python 在脚本结束时仍在寻找函数的参数、闭括号或类似内容，它也会引发 SyntaxError：

```
x = -3
print(abs(x)
```

如果在脚本中输入以上内容并尝试运行，将会引发 SyntaxError。但是，如果在命令提示符中输入这些命令，IPython 不会允许你犯错。每次按下 <Return>，光标会下移一行，但不会执行任何其他操作。必须关闭括号，并按下 <Return> 键，Python 才会执行该命令。

ImportError

当 Python 无法找到尝试导入的模块，或者无法在有效的模块中找到尝试导入的函数或子模块时，它会引发此异常。通常，当你输入的模块名称或函数名称不正确时，就会发生这种情况（请记住，Python 的名称是区分大小写的）。以下每一行代码都会引发异常：

```
import NumPy
import nump as np
from numpy import stddev
```

如果你确信一个模块存在并且拼写正确，但仍然遇到 ImportError，那么你可能需要在计算机上安装这个模块，这可以使用 conda 工具完成（见附录 A）。如果你已经安装了该模块，那么你可能需要将其移动到其他目录或者修改计算机的 PYTHONPATH 环境变量，以便 Python 能够找到它。

AttributeError

当你向一个对象请求不具备的数据字段或方法时，Python 会引发此异常。例如：

```
np.atan(3)
np.cosine(3)
```

这通常是数据字段或方法名称拼写错误，或者其缩写记错而导致的。（对于 NumPy 库中的函数，正确的名称应为 np.arctan 和 np.cos。）

NameError

当你请求一个不存在的变量、函数或模块时，Python 会引发此异常。这可能是现有变量、函数或模块名称拼写错误造成的。当你忘记导入模块或在使用之前忘记定义变量时，也可能发生这种情况。例如：

```
%reset
zlist
np.cos(3)
```

当你在脚本或 IPython 控制台中定义一个变量，却试图在其他脚本中使用该变量时，就可能会出现这种令人费解的错误。即使你可以在变量管理器中看到该变量，也可以在控制台中使用它，其他脚本仍无法访问该变量。这是因为 IPython 在自己的私有**名称空间**中运行各个脚本，并且只有在程序运行结束或崩溃后，才将脚本创建的变量、函数和对象引入 IPython 会话（有关名称空间的更多信息，请参阅附录 F）。因此，编写脚本时，最佳编程实践是定义或导入要使用的变量和函数。如果你需要在另一个脚本中使用第一个脚本的结果，请将第一个脚本作为模块导入第二个脚本中。

IndexError

当你提供的索引超出列表或数组的范围时，Python 会引发此异常。例如：

```
x = [1, 2, 3]
x[3]
```

在 Python 中，元素编号从 0 开始，而不是从 1 开始。在习惯之前，这种错误你可能会犯多次。

TypeError

当使用错误类型的参数调用函数时，Python 会引发此异常。例如，如果你要求用户输入一个数字，但在执行数学运算之前忘记将输入的字符串转换为数字，就可能会发生这种情况。另外，如果你以 Python 无法解释的方式组合两个对象，也可能会引发此异常：

```
abs('-3')
x = [1, 2, 3]        # 不是错误
x[1.5]
2 + x
```

AssertionError

当违反断言语句时，Python 会引发此异常。这可能是最有用的错误消息，因为 Python 会根据你的要求提醒你注意这个问题。

```
x = [1, 2, 3, 4]
y = [1, 4, 9, 16, 25]
assert len(x) == len(y), "Lists must be same length!"
```

Python 具有 60 多个内置的异常和警告，每个异常和警告都针对一种特定的错误类型。大胆尝试，看看你能生成多少异常和警告！

附录 E
Python 2与Python 3对比

目前 Python 主要有两大版本广为使用：Python 2.7 和 Python 3。在 2008 年，Python 发布了 3.0 版本，这是第一个打破向后兼容性的版本。这意味着使用早期版本编写的代码不能保证在 3.0 及更高版本中正常运行。Python 2 不再进行积极的开发，最后一个正式发布版本是在 2020 年 1 月 1 日。然而，即使一种语言没有得到积极的开发，也不意味着它会消失 ①。

在本书中，当需要在两个版本之间选择时，我们选择了 Python 3。如果你已经熟悉 Python 2 并且不想改变，或者你的导师坚持要你使用 Python 2，请不要害怕。我们描述的所有模块都可以在 Python 2 和 Python 3 中使用，并且我们已经尽力编写了可以在两个版本中运行的代码。只有 3 种情况不能同时使用这两个版本：除法、print 命令和用户输入。

幸运的是，Python 提供了一个特殊模块 __future__，它可以在 Python 2 中使用 Python 3 的许多功能，包括除法和 print() 函数。要在 Python 2.7 中运行本书中的所有代码示例，只需要在每个脚本的顶部添加以下两行代

---

① 自 1984 年以来，TeX 没有添加任何新功能；Fortran 77 和 COBOL 仍在广泛使用。

码，并在每个交互式会话开始时执行它们：

```
from __future__ import division, print_function
input = raw_input
```

要理解其中的原因，请继续阅读本书后面的内容。要尝试代码示例，现在可以回到正文。

E.1　除法

在 Python 2 中，两个整数的除法会返回商，而忽略余数。因此，即使两个整数不可整除，结果仍然是一个整数。而在 Python 3 中，如果两个整数不可整除，则除法会返回一个浮点数。

```
1/2 == 0          # 在 Python 2 中为 True；在 Python 3 中为 False
1/2 == 0.5        # 在 Python 2 中为 False；在 Python 3 中为 True
```

在数值计算中，我们通常需要第二种选择。Python 2 的用户可以从 __future__ 模块获得这种行为：

```
from __future__ import division
```

整数除法在 Python 的两个版本中仍然可用：

```
3//2 == 1         # 在 Python 2 中为 True；在 Python 3 中为 True
```

E.2　打印命令

Python 2 和 Python 3 中的 print 命令具有不同的行为，但这不会对本书中的代码示例产生严重影响。

在 Python 2 中，print 是一个语句，就像 assert、for 和 while 等语句一样。

```
print "Hello, world!"
```

在 Python 2 中，该命令将执行你所期望的操作，但在 Python 3 中，它将引发 SyntaxError。这是因为在 Python 3 中，print 是一个函数。和其他函数一样，它需要用括号把参数括起来。

在本书中，所有打印命令的格式都符合 Python 3 的要求：

```
print("Hello, world!")
```

这个特殊的语句也可以在 Python 2 中使用。但是，如果使用 Python 2，请注意它会将括号中的一系列参数解释为元组。因此，以下语句将在 Python 2 和 Python 3 中产生不同的输出

```
print('x', 'y', 'z')
```

要在 Python 2 中使用 Python 3 的 `print` 函数，请从 `__future__` 模块导入它：

```
from __future__ import print_function
```

有两个注意事项。首先，你不能同时拥有两种版本的 `print` 命令。

```
print "Hello, world!"
```

上述语句将导致 `SyntaxError`。其次，从 `__future__` 模块导入是不可逆的。必须重新启动 Python 才能恢复到标准的 Python 2 行为。

E.3 用户输入

Python 2 有两个语句用于获取用户输入：`input()` 和 `raw_input()`。相比之下，Python 3 只有一个：`input()`。但是，Python 3 的 `input()` 函数的行为类似于 Python 2 的 `raw_input()` 函数。这意味着本书中使用 `input()` 的代码示例可能无法在 Python 2 中正常工作。

两者之间有什么区别？在 Python 2 中，`raw_input()` 返回一个字符串，而 `input()` 则试图将用户输入的内容作为 Python 语句进行求值。假设一个脚本有以下语句：

```
input("Type 33/3 and hit <Return>: ")
raw_input("Type 33/3 and hit <Return>: ")      # 在 Python 3 中引发 NameError
```

在 Python 2 中，如果用户按照指示操作，第 1 条语句将返回整数 11[①]。

---

① 用户不按照指示操作是 Python 3 中取消此功能的主要原因。

第 2 条语句将返回字符串 '33/3'。在 Python 3 中，第 1 条语句将返回字符串 '33/3'，而第 2 条语句将导致错误，因为没有名为 raw_input() 的函数。

本书中的练习假定 input() 返回一个字符串。这些代码示例无须修改即可运行。但是，要在 Python 2 中正常运行代码示例，则需要将各个 input() 替换为 raw_input()，或者重新定义 input 函数：

```
input = raw_input
```

目前 input 函数在 __future__ 模块中不可用。

E.4   更多援助

一个名为 2to3 的脚本可以自动将 Python 2 编写的程序转换为 Python 3 代码。虽然本书不需要 2to3，但 2to3 可以转换你的其他项目，使之与 Python 3 兼容。请参阅 Python 文档网站。另一个选择是 six 模块，它号称"无须修改即可支持在 Python 2 和 Python 3 上运行代码库"。

另外，还可以使用 A.1.2 小节中描述的 conda 工具，使用"环境"在同一台机器上安装和运行多个版本——Python 2 或 Python 3。

附录 F
内部机制

本附录主要介绍 Python 处理变量和对象的内部机制。理解这些材料对于完成本书中的练习并不是必需的，但是对于在将来分析错误以及编写（或阅读）更高级代码时可能会有所帮助。

F.1　赋值语句

2.1 节指出，在 Python 中，一切皆对象。对象具有数据字段和方法。当执行像 x=np.arange(10) 这样的赋值语句时，Python 会将变量名绑定到对象上。

在某些编程语言中，执行像 x=np.arange(10) 这样的语句将分配一块内存，并将其命名为 x，然后将一个整数数组放入该内存块中。该内存块与名称 x 永久关联，因此名称和它所代表的对象基本上是同一个。但在Python 中，情况并非如此。Python 创建一个 ndarray 对象，然后将其内存地址存储在 x 中。因此，变量 x 指向 ndarray 对象。使用名称 x 可以访问

ndarray 对象的所有方法和数据字段，但 ndarray 对象和变量 x 是独立的实体。

这种安排的一个结果是，两个变量可以同时指向同一个对象（即相同的内存地址）。尝试以下代码：

```
x = np.zeros(10)
y = x
x[1] = 1
y[0] = 1
print("x={}\ny={}".format(x, y))
```

你会看到 x 和 y 都指向同一个数组。赋值语句还可以将现有变量绑定到其他对象。尝试以下代码行：

```
x = np.zeros(10)
y = x
y = y + 1
```

在前两行之后，x 和 y 指向同一个数组。第 3 行的赋值语句会创建一个新数组来保存 y+1 的结果，然后将变量 y 绑定到新数组上。这对 x 或原数组没有影响。（你可以通过几个 print 命令来验证这一点。）

当执行类似于 "y=x" 这样的赋值语句时，变量 x 和 y 并不会永久地绑定在一起。它们只是指向同一个对象，直到其中一个变量被重新赋值为止。

由于赋值语句的特性，像 "y=x+1" 这样的语句并不能永久地将变量 x 和 y 绑定在一起。实际上，该语句会创建一个新对象，用于保存表达式 "x+1" 的计算结果，并将变量 y 指向该对象。

Python 提供了内置函数来判断变量是否指向同一对象。其中，id 函数可以返回变量所指向的内存地址。如果 id(x) 和 id(y) 不同，那么 x 和 y 指向不同的对象。同样，只有当 x 和 y 指向同一对象时，"x is y" 才会返回 True。尝试以下命令：

```
x = np.arange(10)
y = x
z = np.arange(10)

print("x==y: ", x==y)
print("x==z: ", x==z)
```

```
print("x is y: ", x is y)
print("x is z: ", x is z)

print("id(x): ", id(x))
print("id(y): ", id(y))
print("id(z): ", id(z))
```

即使 x、y 和 z 的所有元素都相同，但此处 x 和 y 是同一个数组对象，而 z 是另一个单独的数组对象。

如果 y=x 的作用是将两个对象绑定到同一内存地址，那么如何创建对象的独立副本？答案取决于对象的类型。对于 Python 列表，你可以通过切片创建副本：

```
x = [1, 1, 1]
y = x[:]
x == y
```

现在，变量 x 和 y 包含相同的元素，但它们是同一个列表吗？试着找出答案：

```
x[1] = 0
print("x={}\ny={}".format(x, y))
```

对于 NumPy 数组，使用切片不能创建副本。切片只对现有数组数据创建新的**视图**，而不是副本①。因此，更改数组的元素也会更改包含该元素的任何切片。同样，更改切片也会更改原始数组。若要创建一个独立的数组副本，必须使用一个叫作 copy 的方法。要了解切片和副本之间的区别，请尝试以下代码：

```
w = np.zeros(10)
x = w
y = x[:]
z = y.copy()
y[0] = 1          # 修改切片
z[1] = 1          # 修改副本
print("w={}\nx={}\ny={}\nz={}".format(w, x, y, z))
```

图 F.1 展示了变量与对象之间的关系以及赋值语句的效果。

---

① 2.2.9 小节中提到的 ravel 和 reshape 数组方法也是返回现有数组的新视图。

F.1 赋值语句 | 245

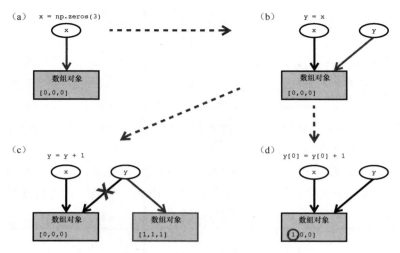

图F.1　Python 中变量与对象之间的关系。图中的浅灰色部分表示赋值语句的效果。（a）将变量分配给新对象。当调用 np.zeros(3) 时，会创建了一个数组对象。然后 Python 将创建一个变量 x，指向该数组。（b）将变量分配给现有对象。赋值语句 y=x 并不会创建 x 的副本，而是将变量 y 绑定到与 x 相同的数组对象。（c）重新分配变量。在（b）之后，两个变量指向同一个数组对象。在赋值语句 y=y+1 中，Python 会计算 y+1 得到一个新数组对象，然后将变量 y 绑定到这个新数组，这对 x 没有影响。（d）更改数组中的一个元素。与（c）相反，语句 y[0]=y[0]+1 会更改 y 所指向的数组的位置 0 处存储的值。因为 x 和 y 仍然指向同一个对象，所以 x[0] 的值也会被更改

F.2　内存管理

在 Python 中创建的对象不会永久存在。Python 有一个垃圾回收机制，它会定期检查变量是否指向内存中已分配的对象。如果一个对象没有被任何变量绑定，那么该对象将被删除，其内存将被回收。

你可以使用 del 语句强制删除变量，例如 del(x)。但是需要注意的是，当执行 del 语句时，Python 并不会销毁 x 所指向的对象，除非没有其他变量引用该对象。内存管理由 Python 控制，而不是由你控制。总的来说，这是件好事。

F.3　函数

当一个变量传递给一个函数时，传递的究竟是什么？

在计算机科学中，有两种常见的参数传递方式：按值传递和按引用传递。

按值传递是指函数接受的参数是对象的副本。因此，函数对参数所做的任何操作都只会影响副本，而不会影响原始对象。相比之下，按引用传递是指函数接受的参数是对象的内存地址。因此，函数对参数所做的任何操作都会直接影响原始对象。如果函数 f 是按值传递，那么 f(x) 对 x 没有任何影响。相反，如果函数 f 是按引用传递，那么 f(x) 会直接影响 x。

考虑以下示例：

```
def object_plus_one(y):
    y = y + 1

def elements_plus_one(y):
    for i in range(len(y)):
        y[i] = y[i] + 1

x = np.ones(10)
object_plus_one(x)
print(x)
elements_plus_one(x)
print(x)
```

一个函数会改变 x，另一个不会改变。尽管在编写函数时没有指定任何传递方式，但 Python 似乎使用了这两种方式！当编写一个函数时，你该如何预测函数的行为？这里的关键是要记住，变量指向一个对象，但变量不是对象。从技术上讲，Python 中函数的参数总是按值传递。然而，传递的"值"是对对象的引用（内存中的地址）。因此，函数接受的是存储了参数对象的内存地址的副本。它为每个参数创建一个新的局部变量，并将其绑定到与相应参数相同的对象上。函数 f(x) 不能修改这个地址，使 f(x) 指向不同对象，但它可以使用这个地址访问存储在那里的对象的方法，从而修改 x 所指向的对象。为了将这种行为与按值传递和按引用传递的普通用法区分开来，Python 中使用的传递方式通常被称为按值传递的引用或按地址传递。

为了更好地理解函数的行为，我们接下来需要探索当 Python 遇到一个变量名时，它是如何找到一个对象的。

F.4 作用域

Python 中变量值的查找方式非常微妙，但也非常重要。Python 使用名称空间来跟踪变量。**名称空间**就像名称和对象的目录，告诉 Python 在哪里查找变量名的关联对象。微妙之处是 Python 维护多个名称空间，每个名称空间都有自己的**作用域**。作用域是程序的一部分，就像函数体或模块一样，在其中可以访问名称空间。例如，有一个名称空间可以跟踪命令提示符中定义的所有变量。它的范围是全局的：命令提示符下运行的任何脚本或输入的任何命令都可以找到并使用这些变量。

　　每当 Python 执行函数时，它都会创建一个局部名称空间，其中包含函数内部创建的所有变量。这些变量对于外部的一切是隐藏的，因为局部名称空间的范围仅限于函数本身。回忆 6.1 节中 measurements.py 模块中的 taxicab 函数：

```
# 摘自 measurements.py
def taxic ab(pointA, pointB):
    """
    用于计算 A 点和 B 点之间距离的出租车度量
        pointA = (x1, y1)
        pointB = (x2, y2)
    返回 |x2-x1|+|y2-y1|。距离以城市街区为单位进行测量
    """
    interval = abs(pointB[0] - pointA[0]) + abs(pointB[1] - pointA[1])
    return interval
```

　　执行 taxicab 函数之前或之后，变量管理器中都没有叫作 interval 的变量。它只存在于函数的局部名称空间中。

　　当你在函数中引用一个变量时，Python 将在不断扩展的搜索中寻找具有该名称的对象。假设你在 taxicab 的主体中不小心输入了 x1 而不是 pointA[0]。当你调用函数时，Python 将按以下名称空间顺序搜索名称 x1。

　　局部名称空间　　Python 会确定 x1 是否在函数体或其参数列表中有定义。如果是，它将结束搜索并使用绑定到该变量的对象。本例中没有名为 x1 的变量，因此 Python 会扩展搜索范围。

　　封闭名称空间　　Python 会确定当前函数是否定义在另一个函数中。如果是，它将确定 x1 是在这个函数或任何其他封闭函数中定义的，还是作为参数传递给函数的。可能有多个嵌套函数，每个函数都有自己的名称空间供 Python 搜索。

　　全局名称空间　　如果仍没有找到 x1，Python 将检查定义该函数的模块

是否包含名为 x1 的变量。例如，如果你在 measurements.py 模块中的任何函数定义之外添加了 x1=10 的行，Python 将停止搜索并使用该值。如果你在命令提示符处或通过运行脚本而不是导入模块来定义 taxicab，那么 Python 将在当前会话中的所有变量中搜索。

内置名称空间 作为最后的手段，Python 将检查其内置函数和参数——位于 dir(__builtins__) 列表中。如果在这里仍然找不到 x1，Python 就会放弃并引发 NameError。

知道上述层次结构在调试时可能非常有用。Python 可能会在某个你从未想到的地方找到变量的值。

下面的函数演示了 Python 的作用域规则：

```
# scope.py
def illustrate_scope():
    s_enclosing = 'E'
    def display():
        s_local = 'L'

        print("Local --> {}".format(s_local))
        print("Enclosing --> {}".format(s_enclosing))
        print("Global --> {}".format(s_global))
        print("Built-in --> {}".format(abs))
    display()

s_global = 'G'
illustrate_scope()
```

这个脚本定义了 3 个变量，它们的名字表明它们相对于 display() 函数的名称空间。当最后一行调用 illustrate_scope() 时，Python 将执行函数体。它在当前名称空间中定义了一个变量，定义了 display() 函数，然后调用这个新定义的函数。当 Python 执行 display() 时，它必须搜索 4 个不同的名称。它在局部名称空间中找到 s_local，但其他变量都没有在这里定义。Python 在封闭名称空间中找到 s_enclosing，在全局名称空间中找到 s_global，在 Python 的内置函数集中找到 abs。

F.4.1 名称冲突

作用域对于确定函数调用的效果非常重要。在前面的示例中，所有变量都有唯一的名称。但是，当不同名称空间中的变量具有相同的名称时会发生什么？尝试下面的例子，看看 Python 如何解决名称冲突。

```python
# name_collision.py
def name_collisions():
    x, y = 'E', 'E'
    def display():
        x = 'L'
        print("Inside display() ...")
        print("x= {}\ny= {}\nz= {}".format(x, y, z))
    display()
    print("Inside name_collision() ...")
    print("x= {}\ny= {}\nz= {}".format(x, y, z))

x, y, z = 'G', 'G', 'G'
name_collisions()
print("Outside function ...")
print("x= {}\ny= {}\nz= {}".format(x, y, z))
```

　　每个赋值语句都会在当前名称空间中创建一个变量，但它对其他名称空间中的变量没有影响。因此，在这个示例中，有 3 个名为 x 的变量，两个名为 y 的变量和一个名为 z 的变量。当 Python 执行 name_collision() 和 display() 时，它必须为每个变量确定一个值。Python 从最内层的名称空间开始，通过局部→封闭→全局→内置层次结构搜索，并使用第一个找到的变量名的值。

　　Python 使用名称空间来保护程序免受意外的名称冲突，每个名称空间都有自己的作用域。这意味着，在编写自己的函数时，你不必煞费苦心为每个变量指定全局唯一的名称。但是，正如 1.4.3 小节所述，如果在同一个名称空间中将同一个变量名用于两个不同的目的，那么 Python 也无能为力。重新指定名称会破坏先前与另一个对象的关联（Python 的名称空间无法推测程序员的意图）。因此，使用模块化编程（将复杂的程序分解为一系列简单的函数，每个函数只完成一件事）和设置见名知意的变量名是防止名称冲突的最佳方法。

F.4.2　作为参数传递的变量

　　如 F.3 节所述，当变量作为参数传递给函数时，Python 会在函数的局部名称空间中创建一个新变量，并将其绑定到与参数相同的对象。虽然这两个变量指向同一个对象，具有相同的名称，但它们是独立的，存在于不同的名称空间中。

如果函数中的赋值语句将参数变量与新值绑定，则不会对作为参数传递的全局或封闭变量产生任何影响。Python 只是将局部变量重新分配给另一个对象。通过这种方式，Python 允许函数访问外部变量，而不修改它们。这种模块化方式有助于鼓励良好的编码习惯。但是，这一原则有一个重要的例外。函数可以使用对象的方法修改对象。更准确的规则是：函数不能重新分配外部变量。如果函数使用参数的方法修改参数，则它是在修改绑定到多个名称空间中变量的对象。这种做法带有副作用，无论是从设计还是从会产生错误的角度考虑。

现在我们可以解释 F.3 节中 object_plus_one(x) 和 elements_plus_one(x) 的行为。当 x 作为参数传递给函数时，在函数的局部名称空间中创建一个新的局部变量 y，并绑定到与 x 相同的数组，如图 F.1（b）所示。赋值 y=y+1 将局部 y 绑定到一个新对象，而对全局 x 没有影响，如图 F.1（c）所示。由于函数不返回任何值，而且 Python 在计算函数后会删除局部变量，因此 object_plus_one(x) 没有任何外部影响——它什么也没有完成。

相比之下，elements_plus_one(x) 不会将其局部变量 y 重新分配给新对象。它使用数组方法来修改 y 的数据（参阅 2.2.6 小节）。语句 y[0]=y[0]+1 的作用是更改数组第一个元素的值，如图 F.1（d）所示。由于函数的局部名称空间中的变量 y 和全局名称空间中的变量 x 指向同一个数组对象，因此 x[0] 也会被更改。随着函数在循环中迭代，这种情况会继续。与 object_plus_one(x) 不同，elements_plus_one(x) 会产生副作用：它会更改 x 的值。

F.5 总结

当我们考虑像 x=2.0 这样的赋值语句时，很自然地会想象为 x 预留了一些内存，然后将值 2.0 存储在其中。然而，Python 并不使用这种方法。相反，它会创建一个值为 2.0 的 float 对象，然后将变量 x 绑定到该对象上。

> 在 Python 中，对象和变量是相互独立存在的。在赋值
> 语句之后，变量指向内存中存储对象的地址。

变量具有作用域。变量只能由程序的某些部分访问，Python 使用名称空间来防止同名变量之间的冲突。Python 对变量所绑定的对象没有这样的保护。

多个变量可以指向同一个对象。当你试图对同一数据的所谓多个副本执行不同的操作时，这可能会导致意想不到的结果。此外，函数创建的临时变量最初绑定到与其参数相同的对象，这也可能导致意想不到的行为。

由于不恰当使用 Python 绑定对象的变量系统而导致的错误可能很难诊断。避免错误的最好方法是在编写代码时三思而后行。当进行赋值或编写函数时，应该认真考虑是需要两个指向相同数据的变量，还是需要创建数据的副本。

附录 G
部分习题答案

习题 2B

`np.array` 函数是在列表的列表上调用的。该列表是一个包含两个元素的列表，其元素本身又是包含 3 个元素的整数列表，因此它创建了一个 2×3 的数组来存储数据。Python 从数组的 (0,0) 单元格开始填充数组。每遇到一个逗号，Python 就在数组的同一行移动到下一列。当遇到第一个列表的末尾，即 "]" 之后，Python 会移动到数组的下一行的第一列。得到的数组相当于一个包含原始数据的 2 行 3 列的矩阵。

习题 2C

`np.linspace` 函数正好在 10 处结束，并根据需要调整间距来实现这一点。相比之下，`np.arange` 使用 1.5 的精确间距，并在达到 10 之前结束。

习题 2D

要获得奇数索引元素，使用 `a[1::2]`。这会指示 Python 从偏移量 1 开始，然后每次步进 2，直到到达数组的末尾。

习题2E

Python 将 3 个字符串连接起来，产生的输出为 s、一个空格和 t。

习题3A

a.

```
x = np.linspace(-3, 3, 101)
y = np.exp(-x**2)
```

b.

```
from scipy.special import factorial
mu, N = 2, 10
n_array = np.arange(N + 1)
poisson = np.exp(-mu) * (mu**n_array) / factorial(n_array)
```

习题3B

执行 a*b 会尝试逐项计算，但形状不匹配。然而，由于 a 只有一行，Python 使用 NumPy 的广播规则，并根据需要多次使用该行。类似地，由于 b 只有一列，Python 根据需要多次使用该列。因此，结果是一个 3×3 的数组。np.dot(a,b) 会遵循通常的矩阵规则，得到只有 1 行 1 列的二维数组。

习题4A

在对数坐标图上，指数函数表现为一条直线，幂律则不然。在双对数坐标图上，幂律显示为直线，指数则不然。

```
x = np.linspace(2,7,51)
nu = 3.6

plt.figure()
plt.plot(x, np.exp(x), label='Exponential')
plt.plot(x, x**nu, label='Power Law')
plt.title("Linear Plot")
plt.legend()

plt.figure()
plt.semilogy(x, np.exp(x), label='Exponential')
plt.semilogy(x, x**nu, label='Power Law')
plt.title("Semilog Plot")
plt.legend()

plt.figure()
```

```
plt.loglog(x, np.exp(x), label='Exponential')
plt.loglog(x, x**nu, label='Power Law')
plt.title("Log-Log Plot")
plt.legend()
```

习题 4B

```
# fancy_plot.py
x_min, x_max = 0, 4
num_points = 51
x_vals = np.linspace(x_min, x_max, num_points)
y_vals = x_vals**2
plt.plot(x_vals, y_vals, 'r', linewidth=3)

ax = plt.gca()
ax.set_title("My Little Plot", fontsize=32)
ax.set_xlabel("$x$", fontsize=24)
ax.set_ylabel("$y = x^2$", fontsize=24)
```

请注意，我们必须分别为图中的每个元素设置字体大小（第 10 章给出了一个优雅的替代方案）。

习题 4C

要在现有绘图中添加图例，使用以下代码：

```
# legend.py
ax = plt.gca()
ax.legend( ("sin(2$\\pi$x)",\
            "sin(4$\\pi$x)",\
            "sin(6$\\pi$x)") )
```

其余的装饰由你决定！

习题 6A

该函数类似于 taxicab，只是修改了距离函数。应该在文档字符串说明每个点包含 3 个元素：

```
# measurements.py
def crow(pointA, pointB):
    """
    A、B 两点之间的直线距离
        pointA = (x1, y1, z1)
        pointB = (x2, y2, z2)
    返回 sqrt((x2-x1)**2 + (y2-y1)**2 + (z2-z1)**2)
    """
```

```
distance = np.sqrt( (pointA[0] - pointB[0])**2 + \
                    (pointA[1] - pointB[1])**2 + \
                    (pointA[2] - pointB[2])**2 )
return distance
```

习题 6B

a. `x_step = 2*x_step - 1`

b. `x_position = np.cumsum(x_step)` 或 `x_position = x_step.cumsum()`

c.

```
# random_walk.py
# 创建随机数生成器
rng = np.random.default_rng()        # 创建随机数生成器对象
rand = rng.random                    # 将均匀分布方法赋给 rand


num_steps = 1000

#%% 绘制单个随机游走
x_step = rand(num_steps) > 0.5
y_step = rand(num_steps) > 0.5
x_step = 2*x_step - 1
y_step = 2*y_step - 1
x_position = np.cumsum(x_step)
y_position = np.cumsum(y_step)

plt.figure()
plt.plot(x_position, y_position)
plt.axis('square')

#%% 绘制随机游走网格
M, N = 4, 4
fig, ax = plt.subplots(M, N, sharex=True, sharey=True)

for i in range(4):
    for j in range(4):
        x_step = rand(num_steps) > 0.5
        y_step = rand(num_steps) > 0.5
        x_step = 2*x_step - 1
        y_step = 2*y_step - 1
        x_position = np.cumsum(x_step)
        y_position = np.cumsum(y_step)
        ax[i,j].plot(x_position, y_position)
```

习题 6C

默认情况下，plt.hist 和 np.histogram 会创建 10 个等距的分箱。变量 bin_edges 是一个具有 11 个元素的数组，这些元素是每个分箱的边缘。第一个元素是数据列表中最小的元素，最后一个元素是数据列表中最大的元素。每个分箱的宽度为 (data.max()-data.min())/10。同时，counts[i] 包含所有在 bin_edges[i] 和 bin_edges[i+1] 之间的data 元素。因此，bin_edges 将始终比 counts 多一个元素。

习题 6D

```
# surface.py
from mpl_toolkits.mplot3d import Axes3D
points = np.linspace(-1, 1, 101)
X, Y = np.meshgrid(points, points)
Z = X**2 + Y**2
ax = Axes3D(plt.figure())
ax.plot_surface(X, Y, Z)
# ax.plot_surface(X, Y, Z, rcount=10, ccount=10)
# ax.plot_surface(X, Y, Z, rstride=1, cstride=1)
```

这个脚本使用默认网格。注释中的行可以提供不同的网格。倒数第 2 行会生成一个粗糙的表面；最后一行使用每个数据点来生成一个平滑的表面。

习题 6F

a.

```
from scipy.integrate import quad
def f(x): return x**2
integral, error = quad(f, 0, 2)
print("Difference from exact result: ", integral - 2**3 / 3)
```

b.

```
from scipy.integrate import quad
x_max = np.linspace(0, 5, 51)
integral = np.zeros(x_max.size)
def integrand(x): return np.exp(-x**2/2)
for i in range(x_max.size):
    integral[i], error = quad(integrand, 0, x_max[i])
plt.plot(x_max, integral)
```

c.

```
from scipy.integrate import quad
def integrand(x): return np.exp(-x**2/2)
integral, error = quad(integrand, -np.inf, np.inf)
print("Difference from exact result: ", integral - np.sqrt(2*np.pi))
```

习题 6G

当驱动系统接近其共振频率（$\omega_0 = 1$）时，会产生强烈的响应。频率的驱动模式 $\omega = 0.8$ 与满足初始条件所需的自然模式叠加。不同频率模式之间的干涉产生节拍图案。

习题 6H

在点 (x, y) 处的向量有分量 $(y, -x)$。分量箭头总是垂直于从原点到该基点的向量，就像刚性旋转盘的速度向量场一样。

习题 6I

a. 本例给出了所有螺旋进入原点的轨迹，因为我们在 V 上添加了一个径向向内的小分量。

b. 本例给出了"鞍型"原点处的固定点。其中一个初始条件正好进入原点的固定点，而其他则偏离原点，向无穷远处移动。

习题 8A

生成的图像是原始图像的负片，没有灰色阴影，只有黑色和白色。比平均亮度暗的部分变成全白，比平均亮度亮的部分变成全黑。在执行数组运算时，NumPy 将数组的数据类型从 uint8 修改为 bool。PyPlot 可以使用不同数据类型的数组生成图像和保存文件，但数组不再是 8 位亮度值的集合。

习题 9A

a. 在 Python 索引方案中，F 唯一允许的索引是 $(k, \ell) = (0, 0)$。因此 $C_{i,j} = F_{0,0} I_{i,j} = I_{i,j}$。

b. 再次使用 Python 索引方案，式 (9.1) 中允许的索引范围从 $(i, j) = (0, 0)$ 且 $(k, \ell) = (0, 0)$ 到 $(i, j) = (M + m - 2, N + n - 2) = ([M - 1] + [m - 1], [N - 1] + [n - 1])$ 且 $(k, \ell) = (m - 1, n - 1)$。因此，$C$ 包含 $(M + m - 1) \times (N + n - 1)$ 个元素。

习题 10A

沿用 data_dictionary.py 的模式，但使用不同的输入参数。

习题 10B

以下代码反映了这个问题：

```
N = 10**4
samples = 10**4
targets = [10, 20, 50, 100, 200, 500]

df = pd.DataFrame()
for L in targets:
    df["L={}".format(L)] = [first_passage(L,N) for n in range(samples)]

df.hist(sharey=True)
df.plot(kind='density', legend=True)
plt.legend()
```

随着目标距离的增加，未达到目标距离的游走数量迅速增加。直方图和概率密度图的形状变化表明，分布的尾部正在被切断。有效样本的减少意味着统计数据的噪声更大，到达目标的样本的平均值不再能代表我们试图研究的概率分布。

在 N=10**6 和 samples=10**5 的情况下进行重复模拟可以改善统计数据，特别是对于较长目标距离的统计数据。

习题 10C

数据呈现出明显的线性关系。即使是幂律拟合，幂指数也是 1。但是，必须注意使游走步数足够大，或使目标距离足够小。我们忽略了没有到达目标的游走，但这会使平均值向下偏移，并减少 L 值较大时的数据点数量。即使 100 万步也不足以让约 40% 的游走者到达 L=500。

由于步数和游走数很大，运行这个脚本需要一段时间。

```
import numpy as np
import matplotlib.pyplot as plt
import pandas as pd
from sklearn.linear_model import LinearRegression

# 定义并运行模拟
data = {}                              # 空字典，用于存储所有数据
nmax = 10**6
parameters = dict(N=nmax, p=0.5)       # 公共输入
l_values = [10, 20, 50, 100, 200, 500]
samples = 10000
```

```
for l in l_values:
    data["L={}".format(l)] = \
            [first_passage(L=l, **parameters) for n in range(samples)]
step_data = pd.DataFrame(data)

# 准备数据，用于 sklearn 建模
model = LinearRegression()

X = np.array(l_values).reshape(-1,1)
Y = step_data.mean()
logX = np.log(X)
logY = np.log(Y)
xFit = np.linspace(1, X.max(), 201).reshape(-1,1)

# 绘图数据
plt.figure()
plt.plot(X, Y, 'ko', mew=2, mfc='none', label="Data")

# 检查是否存在线性关系
model.fit(X, Y)
print("Linear Model: A + b*x")
print("A = {:.3f}, b = {:.3f}".format(model.intercept_, model.coef_[0]))
print("R2: ", model.score(X,Y))
yFit = model.predict(xFit)
plt.plot(xFit, yFit, 'r-', label="Linear Model")

# 检查是否存在指数关系
model.fit(X, logY)
print("Exponential Model: A * exp(b*x)")
print("A = {:.3f}, b = {:.3f}".format(model.intercept_, model.coef_[0]))
print("R2: ", model.score(X,Y))
yFit = model.predict(xFit)
plt.plot(xFit, np.exp(yFit), 'g-', label="Exponential Model")

# 检查是否存在幂律关系
model.fit(logX, logY)
print("Power Law Model: A * x**b")
print("A = {:.3f}, b = {:.3f}".format(model.intercept_, model.coef_[0]))
print("R2: ", model.score(X,Y))
yFit = model.predict(np.log(xFit))
plt.plot(xFit, np.exp(yFit), 'b-', label="Power Law Model")

plt.legend()
```

致谢

我们要感谢许多学生和同事，他们教会了我们本书中涉及的种种技巧，特别是 Tom Dodson。还要感谢 Alexander Alemi、Steve Baylor、Gary Bernstein、Kevin Chen、R. Michael Jarvis、Michael Lerner、Dave Pine 和 Jim Sethna，他们给了我们专业的建议，并指出了我们的错误。此外，3 位匿名的评论家不仅提供了专业的建议，还对本书的目标提出了尖锐的质疑，帮助我们明确了这些目标。

Nily Dan 提醒我们要追求实用，而不是博学。在本书的撰写过程中，Kim Kinder 总能适时地给予我们鼓励和灵感。

本书（英文原版）采用 LaTeX 和 listings 包制作。Jobst Hoffman 和 Heiko Oberdiek 提供了热心的个人帮助（本书博客上有我们代码列表的软件包设置）。

我们对普林斯顿大学出版社的 Ingrid Gnerlich 和 Karen Carter 表示感谢，他们对这个特殊的项目给予了细致周到的支持，同时也感谢 Teresa Wilson、Terry Kornak 和 Cyd Westmoreland 严谨而富有洞见的编辑工作。

本书部分得到了美国国家科学基金会的资助，项目编号为 EF-0928048、DMR–0832802、PHY-1601894（更新版）和 CMMI-1548571（第 2 版）。由 NSF 资助项目 PHYS-1607611 支持的阿斯彭物理中心也对本书的完成提供了帮助。本书中所表达的任何观点、发现、结论、笑话或建议均为作者个人的，不代表美国国家科学基金会的立场。

推荐阅读

太容易获得的知识是没有价值的。

——罗伯逊·戴维斯

从本书的基础知识开始，你可以通过网络搜索找到解决特定问题所需的高阶材料。以下是一些我们认为很有用的其他参考资料。

随着编程技能的提高，你可能会编写更长、更复杂的代码。这时，学习一些基本的软件工程实践会很有帮助，特别是关于用户自定义类的部分。此外，Python 代码风格指南 PEP 8 也提供了一些规范，让你的 Python 代码更标准、更易读。

本书在图形标签和 Jupyter 笔记本章节提到了免费的 LaTeX 排版系统。你可以在 LaTeX 项目网站上获得 LaTeX 及其文档。

本书配套有一个博客，可以搜索本书英文书名来找到。你可以在此找到数据集、代码示例、勘误表、其他资源以及本书主题的延伸讨论。

推荐阅读以下资料：

本书的姊妹篇 *A Student's Guide to Matlab for Physical Modeling*，它介绍了类似的技术，但使用的是 Matlab 编程语言。

Berendsen H J C. A Student's Guide to Data and Error Analysis. Cambridge UK: Cambridge Univ. Press, 2011.

Chacon S, Straub B. Pro Git. 2nd ed. Apress, 2014.

Cromey D W. Avoiding twisted pixels: Ethical guidelines for the appropriate use and manipulation of scientific digital images. Sci. Eng. Ethics, 2010, 16(4),

639-667.

Feynman R P, Leighton R, Sands M. The Feynman lectures on physics. New millennium ed. Vol. 1. New York: Basic Books, 2010.

Gezerlis A. Numerical methods in physics with Python. Cambridge UK: Cambridge Univ. Press, 2020.

Guttag J V. Introduction to computation and programming using Python: With application to computational modeling and understanding data. 3rd ed. Cambridge MA: MIT Press, 2021.

Hill C. Learning scientific programming with Python. 2nd ed. Cambridge UK: Cambridge Univ. Press, 2020.

Ivezic Ž, Connolly A J, VanderPlas J T, Gray A. Statistics, data mining, and machine learning in astronomy: A practical Python guide for the analysis of survey data. Updated ed. Princeton NJ: Princeton Univ. Press, 2019.

Landau R, Páez M J. Computational problems for physics with guided solutions using Python. Boca Raton FL: CRC Press, 2018.

Langtangen H P. A primer on scientific programming with Python. 5th ed. Berlin: Springer, 2016.

McKinney W. Python for data analysis: data wrangling with pandas, NumPy, and IPython. 2nd ed. Sebastopol CA: O'Reilly Media, 2018.

Nelson P. Physical models of living systems. New York: W. H. Freeman and Co, 2015.

Nelson P. From photon to neuron: Light, imaging, vision. Princeton NJ: Princeton Univ. Press, 2017.

Nelson P, &Dodson, T. Student's guide to matlab for physical modeling, 2015.

Newman M. Computational physics. Rev. and expanded ed. Create Space Publishing, 2013.

Pérez F, Granger B E. IPython: A system for interactive scientific computing. Computing in Science and Engineering, 2007, 9(3), 21-29. DOI:10.1109/MCSE.2007.53.

Pine D J.Introduction to Python for science and engineering. Boca Raton FL: CRC Press, 2019.

Rougier N P, Droettboom M, Bourne P E. Ten simple rules for better figures.

PLoS Comput. Biol., 2014, 10(9), e1003833.

Scopatz A, Huff K D. Effective computation in physics. Sebastopol CA: O'Reilly Media, 2015.

Shaw Z. Learn Python 3 the hard way: A very simple introduction to the terrifyingly beautiful world of computers and code. Upper Saddle River NJ: Addison-Wesley, 2017.

Shaw Z. Learn more Python 3 the hard way: The next step for new Python programmers. Upper Saddle River NJ: Addison-Wesley, 2018.

VanderPlas J. Python Data Science Handbook; Essential Tools for Working with Data. Sebastopol CA: O'Reilly Media, 2017.

Zemel A, Rehfeldt F, Brown A E X, Discher D E, Safran S A. Optimal matrix rigidity for stress-fibre polarization in stem cells. Nat. Phys., 2010, 6(6), 468-473.